Karin Bjerregaard Schlüter, Ralf Schlüter
Krisenkommunikation für den Kulturbetrieb

Schriften zum Kultur- und Museumsmanagement

Karin Bjerregaard Schlüter, Ralf Schlüter

Krisenkommunikation für den Kulturbetrieb

Ein Leitfaden: Digitale Methoden und Tools

[transcript]

Bibliografische Information der Deutschen Nationalbibliothek
Die Deutsche Nationalbibliothek verzeichnet diese Publikation in der Deutschen Nationalbibliografie; detaillierte bibliografische Daten sind im Internet über https://dnb.dnb.de abrufbar.

Umschlaggestaltung: Studio Nikolai Dobreff, Hamburg
Abbildungen: Studio Nikolai Dobreff, Hamburg
Lektorat: Anette Nagel, CONTEXTA, Osnabrück
Redaktionelle Mitarbeit: Freija Hub, Simone Schirrmacher
Satz: Mark-Sebastian Schneider, Bielefeld
Druck: Elanders Waiblingen GmbH, Waiblingen
Print-ISBN 978-3-8376-7453-8
PDF-ISBN 978-3-8394-7453-2
https://doi.org/10.14361/9783839474532
Buchreihen-ISSN: 2703-1470
Buchreihen-eISSN: 2703-1489

Gedruckt auf alterungsbeständigem Papier mit chlorfrei gebleichtem Zellstoff.

Inhalt

TEIL 2
Praxis: Krisen bestehen

Einleitung

Krisenkommunikation für den Kulturbetrieb – bis vor Kurzem hätte man bei einem Buch mit diesem Titel einen ganz anderen Inhalt vermutet als den, der jetzt hier präsentiert wird. Auch ein Museum oder ein Theater kann ja von ganz realen Katastrophen betroffen sein: von Überschwemmungen, Bränden, Einbrüchen. Für solche Fälle ist es gut, vorbereitet zu sein. Dieses Buch kann allerdings dabei nicht helfen – es handelt von Krisen ganz anderer Art.

Eine Unsicherheit geht um im Kulturbetrieb. Ein Gefühl, dass sich etwas verändert hat, ohne dass man es schon ganz greifen könnte. Seit einigen Jahren häufen sich Eklats und Skandale. Kunsthallen, Universitäten und Festivals werden bezichtigt, Brutstätten und Propagandazentralen von zerstörerischem Gedankengut zu sein: Man wirft ihnen Antisemitismus, Rassismus, Sexismus vor. Ausstellungen, Aufführungen und Großveranstaltungen werden abgesagt, Künstler*innen und Vortragende kurzfristig ausgeladen. Manche Häuser werden in Social Media von Empörungswellen überschwemmt, in denen der jeweilige Vorwurf zu gigantischer Größe heranwächst. An deren Ende haben die Menschen, die in den Institutionen arbeiten, das Gefühl von umfassender Rufschädigung: Wer möchte schon zugeben, in einem Haus zu arbeiten, das früher mal eine gute Reputation hatte, inzwischen aber offenbar zum Werkzeug des Bösen geworden ist? So fühlt es sich jedenfalls an.

Eine erste Wegmarke dieser Entwicklung war die Kontroverse um einen geplanten Vortrag von Achille Mbembe bei der Ruhr-Triennale 2020. Dem aus Kamerun stammenden Philosophen und Historiker wurde sein Engagement für die Boykottbewegung BDS (»Boycott, Divestment and Sanctions«) vorgeworfen. Diese will den Staat Israel international isolieren, im Namen der Solidarität mit den Palästinenser*innen. Ihr werden antisemitische Tendenzen vorgeworfen. Der Deutsche Bundestag hatte im Mai 2019 eine

Resolution verabschiedet, die deutschen staatlich finanzierten Einrichtungen nicht verpflichtend vorschrieb, aber umso mehr nahelegte, Aktivitäten der BDS-Bewegung nicht zu unterstützen. Ihren Parteigänger*innen sollten keinerlei Ressourcen zur Verfügung gestellt werden, und sie sollten keine staatlich finanzierten Verbreitungsmöglichkeiten nutzen können. Der Schlüsselsatz der Resolution lautete: »Die Argumentationsmuster und Methoden der BDS-Bewegung sind antisemitisch.«[1]

Der nordrhein-westfälische Landtag hatte im Jahr 2018 einen ähnlich lautenden Beschluss gefasst. Vor diesem Hintergrund galt die Einladung Mbembes als problematisch, auch wenn der sich inzwischen von seinem BDS-Engagement distanziert hatte.[2] Schließlich wurden die gesamte Ruhr-Triennale 2020 und damit auch Mbembes Vortrag abgesagt, offiziell wegen der Corona-Pandemie.

Der nächste, noch weitaus folgenreichere Skandal geschah im Jahr 2022 bei der Kasseler Großausstellung documenta fifteen. Einigen der dort gezeigten Arbeiten wurde Antisemitismus vorgeworfen, nicht in allen Fällen zu Unrecht. Hinter den Debatten um das Israel-Bild einiger Künstler*innen wurden bald die Umrisse einer größeren Friktion deutlich: Der postkoloniale Blick auf den jüdischen Staat und die im Verbrechen des Holocaust grundierte offizielle deutsche Haltung dazu waren nicht in Einklang zu bringen. Sie sind es bis heute nicht. Einer der Autor*innen dieses Buches war an der documenta fifteen beteiligt, als Executive Editor des Handbuchs zur Ausstellung. Die Erfahrung der umfassenden Kommunikationsblockade einer weltweit wahrgenommenen Ausstellung war ein Anstoß für uns, ein Krisenkommunikationskonzept für die Kultur zu entwickeln.

Inzwischen hat sich die Lage noch weiter zugespitzt. Seit dem Angriff der islamistischen Terrororganisation Hamas auf Israel am 7. Oktober 2023 steht der Kulturbetrieb endgültig im Bann dieses unlösbar scheinenden Konflikts. Viele der kleinen und großen Skandale, die es seither in Museen und Hochschulen, bei Festivals und Symposien gab, beruhen auf dem Freund-Feind-Schema, das dem Massaker und dem anschließenden Feldzug der israelischen Armee im Gaza-Streifen zugrunde liegt. In weiten Bereichen der Öffentlichkeit gibt es anstelle einer halbwegs differenzierten Debatte nur noch ein Set von Triggerpunkten. Berührt man einen davon, wird ein

---

1 Brinkhaus et al. 2019.

2 Bahners 2020.

Automatismus aktiviert, der zu den immer gleichen Ergebnissen führt: Man findet sich auf einer Seite des Schwarz-Weiß-Bildes wieder, obwohl man das vielleicht nicht wollte. Ambiguitätstoleranz – also die Fähigkeit, auch vieldeutige Situationen produktiv handhaben zu können – ist derzeit keine sehr weit verbreitete Tugend.

Nun ist das Thema Nahost-Konflikt/Antisemitismus in Deutschland aus begreiflichen Gründen besonders umkämpft. Aber auch jenseits dieses Komplexes ist überall Verunsicherung zu spüren, wenn es um Fragen von Respekt und Diskriminierung geht: Wie kann eine nichtrassistische oder nichtsexistische Kunstpraxis aussehen und wer entscheidet über ihren Wert? Wie kann sich der Anspruch an Diversität in der Kunst selbst einlösen lassen, ohne kreative Räume zu beschneiden? Welche Möglichkeiten haben Künstler*innen, Kurator*innen und Regisseur*innen, ihre Arbeit zu verteidigen und zu diskutieren, wenn diese Anstoß erregt?

Das Grundthema aller Krisen, die wir hier unter dem Begriff Diskurskrise zusammenfassen, ist das der Identität. In einer Zeit, in der große Verbände und Zusammenschlüsse weiter an Bindekraft verlieren und der einzelne Mensch zunehmend durch seinen Doppelgänger, sein digitales Selbst, am Austausch im politischen Raum teilnimmt – in so einer Zeit müssen auch die Kulturinstitutionen ihre Herangehensweisen an ihre Arbeit und ihre Strukturen überdenken. Jenseits ihrer unterschiedlichen Aufgaben – Museen pflegen ihre Sammlung, Theater haben Spielbetrieb, Hochschulen bilden aus – haben alle Kulturinstitutionen auch etwas gemeinsam: Als Teil der »Daseinsvorsorge« einer demokratischen Gesellschaft bieten sie Räume und Methoden der Reflexion und des Austauschs. Jede Ausstellung hat eine Grundthese, jeder Theaterabend hat ein Metathema. Aber es gibt immer auch eine ästhetische Ebene, eine Form. Im Kunstraum können Dinge auch indirekt verhandelt werden, über Umwege – im Idealfall wird man dabei ihrer Komplexität gerecht.

Identitätspolitik stellt eine Herausforderung für diese Räume dar, die in den letzten Jahrzehnten mehr oder weniger der autonomen Kunst gehörten: Sie fordert einen direkten Abgleich mit der sozialen Realität neben und hinter der Kunst. Es reicht nicht länger, wenn sich ein Theater auf der Bühne feministischen Perspektiven öffnet – es wird jetzt auch gefragt, wie viele Stücke am Haus eigentlich von Regisseurinnen inszeniert werden. Geltend gemacht werden diese Anliegen nicht mehr in Demonstrationen vor Ort, in redaktionell aufbereiteten Debatten oder auf Flugblättern – sondern durch

Statusarbeit im digitalen Raum. Dabei sind die Grenzen zwischen kontingenten Interaktionen (wer hat wo und warum etwas gelikt?) und Aktivismus (wer unterstützt welche Kampagne?) fließend.

Die heutige Öffentlichkeit ist eine digitale. Und damit meinen wir nicht nur die Social-Media-Plattformen, auf denen mittlerweile ein Großteil des öffentlichen Gesprächs stattfindet. Wir verstehen das Digitale – viel grundlegender – als soziales Betriebssystem der heutigen Gesellschaft. Fundamental formen Daten in permanenter Verknüpfung und Veränderung unsere Wahrnehmung der Welt sowie unsere Beziehungen zu uns selbst und zu anderen. Messbarkeit ist zur zentralen Kategorie geworden; durch die Fixierung auf Zahlen, auf deren Proportionen und Relationen, haben sich neue Strukturen gebildet. Für die Einzelnen sind sie nur teilweise durchschaubar. Daten zu Reichweite, Nutzungszahlen, Follower*innen, Erwähnungen erschaffen Formen von Plausibilität, die nur noch schwer an außermetrischen Maßstäben gemessen werden können. Durch die häufige Suche eines bestimmten Worts bei Google, die dann in Wechselwirkung mit anderen digitalen Interaktionen tritt, entsteht eine neue Realität für alle. Plötzlich ist dann etwa ein Museum fest mit dem Begriff Antisemitismus oder Rassismus verbunden, aus der Logik digitaler Wechselwirkungen heraus. Niemand kann die Wirkung der eigenen Interaktion mehr begrenzen oder kontrollieren; ohne dass man es persönlich angestrebt hat, ist man plötzlich Teil einer kollektiven fluiden Bewegung.

Wer sich in der Diskurskrise behaupten will, muss deren Ursachen verstehen. Wir behandeln sie in Teil 1 des Buches. Ein Kapitel zeigt, wie sich die Perspektive auf Kulturinstitutionen in den letzten 50 Jahren verändert hat; noch in der Nachkriegszeit galten sie als Anwälte der Machtlosen, heute betrachtet man sie als Teil der Machtstruktur. Wir führen ein in die digitale Sphäre der Gegenwart, erläutern die Grundzüge des Community Buildings und benennen die Kreuzpunkte digitaler Netzwerke mit heutiger Identitätsbildung. Ein Blick auf typische Krisensituationen und eine Erläuterung häufig verwendeter rhetorischer Mittel ergänzen die Analyse.

Im Praxisteil stellen wir unsere Methode vor, die jede Institution je nach Bedarf zuschneiden und nutzen kann. Das Krisen-Framework besteht aus vier Teilen: Verstehen, Vorbereiten, Durchkommen und Verfeinern. Zu jedem Teil gibt es ein Set an Fragen, Anleitungen und Materialien. All das fließt zusammen im Krisenhandbuch – einer Zusammenstellung aller wichtigen Elemente, um die konkrete Krise bestehen zu können. Am Schluss geben wir einen Ausblick auf Veränderungen, die im Zuge der Diskurskrise auf den Kulturbetrieb zukommen: Wir halten die Bildung von Diskursabteilungen für unerlässlich, um im Gewoge der neuen Öffentlichkeit auf Dauer nicht unterzugehen.

Karin Bjerregaard Schlüter
Ralf Schlüter

TEIL 1
Ursachen: Die veränderte Rolle der Kulturinstitutionen im digitalen Zeitalter

1. Anatomie der Diskurskrise

Ein typischer Fall

Beginnen wir mit einem mehr oder weniger fiktiven Fall.

Eine Kulturfabrik in einer deutschen Großstadt lädt einen Sprecher zu einer geplanten internationalen Konferenz ein. Diese soll sich an drei Tagen mit dem Thema Care-Arbeit befassen, der eingeladene Experte hat einige Bücher dazu veröffentlicht. Das Programm der Konferenz steht schon online, als herauskommt, dass er vor einiger Zeit einen problematischen Instagram-Post mit einem Like versehen hat. Dort war vom »Freiheitskampf gegen Israel« die Rede, was augenscheinlich die islamistische Terrororganisation Hamas miteinschloss. Auf der Plattform X halten bereits einige User*innen der Kulturfabrik ihre Verpflichtung des Sprechers kritisch bis anklagend vor: »Terror-Freunde und Antisemiten scheinen ja hier willkommen zu sein.«

Die Situation ist seltsam verdreht: Ein allgemein akzeptiertes Anliegen wie Care-Arbeit wird in einem etablierten Format wie der Konferenz thematisiert, dazu wird ein Experte eingeladen. Plötzlich taucht ein Stein des Anstoßes auf, der mit ihm als Person, mit seiner politischen Haltung in Zusammenhang steht – der aber mit dem Thema der Veranstaltung eigentlich nichts zu tun hat. Dieser Punkt erweist sich als heikel: Die Kulturinstitution wusste bis jetzt nichts von dem Post zur Hamas und war auf dieses Thema nicht vorbereitet.

Der weitere Verlauf könnte so aussehen: Auf der Plattform X steigen immer mehr User*innen auf das Thema ein. Unter dem Hashtag der Kulturfabrik sammeln sich Vorwürfe, diese fördere Antisemitismus, »und das im Land der Täter*innen«. Schließlich greift eine überregionale Tageszeitung das Thema auf, der Artikel mit der Überschrift »We care für Judenhass« wird online viel geteilt und feuert die Debatte weiter an. Eine Erregungswelle entsteht, auf dem Höhepunkt wird die Kulturfabrik jeden Tag über 10.000 Mal in Postings und Kommentaren erwähnt. Ihr Intendant sagt in einem Interview, Antisemitismus habe an seinem Haus keinen Platz. Erste politische Akteur*innen melden sich, der Antisemitismusbeauftragte des Bundeslandes und die Deutsch-Israelische Gesellschaft. CDU-Politiker*innen fordern die Kulturstaatsministerin auf, einzugreifen. Schließlich distanziert sich auch der Bundeskanzler und sagt in einem Interview: »Die Meinungsfreiheit hat ihre Grenze beim Antisemitismus.« Erste Politiker*innen fordern, der Kulturfabrik die Subventionen zu kürzen. Der Intendant denkt darüber nach, die Rede abzusagen. In der Google-Suche wird der Kulturfabrik als erster Vorschlag das Wort »Antisemitismus« zugeordnet.

Das Muster dieses Skandals ist mittlerweile vertraut. Er beginnt in den sozialen Netzwerken. Dort kann das Thema eine Weile gären, da sich jede*r dazu äußern kann und die Kulturfabrik nicht auf die Vorwürfe reagiert. Durch den online teilbaren Artikel in der Tageszeitung wird dann ein Lautsprecher-Effekt produziert: Nun steigen auch andere Medien ein, die Welle in Social Media wird dadurch exponentiell größer. Die Politik fühlt sich verpflichtet, Stellung zu beziehen; spätestens mit dem Statement des Bundeskanzlers steht die Kulturfabrik als Hort antisemitischer Hetze da. Sie muss sich Sorgen um ihre Zukunft machen.

Dabei wollte sie eigentlich nur einen Experten zum Thema Care-Arbeit verpflichten. Wie konnte es zu dieser Eskalation kommen?

Absage, Abbruch, Boykott

Der oben beschriebene Skandal ist typisch für den heutigen Kulturbetrieb in Deutschland. Zigfach haben sich solche oder ähnliche Konstellationen in den letzten Jahren wiederholt. Anhand konkreter Auslöser wird eine Kulturinstitution in ein extrem polarisiertes Diskursfeld hineingezogen. Oder sie begibt sich selbst hinein, weil sie die Debatte für handhabbar hält. Sie unterschätzt die komplexen Dynamiken digitaler Medien und die Sprengkraft gewisser, meist identitätspolitisch aufgeladener Themen. Sie reagiert gar nicht oder zu spät, wenn es kritische Stimmen gibt.

Ein Fall wie der oben beschriebene endet in vielen Fällen mit einer Absage: Der Sprecher wird ausgeladen. Oder seine Rede wird verlegt, ins Internet oder ins Rahmenprogramm. Er wird das in der Regel übelnehmen und sein Netzwerk gegen die Kulturinstitution mobilisieren (meist auf der Plattform Instagram). Er wird ihr Zensur vorwerfen – sie wolle seine Stimme zum Schweigen bringen (»to silence my voice«). Was mit einer höflichen Einladung zu einer Konferenz begann, endet im Zerwürfnis zwischen dem Experten und der Institution. Es folgt ein mediales Nachspiel in Social Media, womöglich als Shitstorm. Das Streitthema, in dem Fall die Haltung zur Hamas, taucht jetzt nur noch stichwortartig auf; es wird auch nicht mehr genauer untersucht. Stattdessen wird der Fall jetzt auf der Metaebene verhandelt: Von der einen Seite droht der Vorwurf der Terror-Verherrlichung und des Antisemitismus, von der anderen der Vorwurf des Rassismus.

Auch in anderen typischen Skandalsituationen der Gegenwart geht es meist in irgendeiner Form um Abbruch oder Ausschluss. Formate, die eigentlich für den künstlerischen oder diskursiven Austausch gedacht sind, werden »gesprengt«. Drei Beispielfälle – wieder mehr oder weniger fiktiv:

Fall 1

Eine Gruppe von Aktivist*innen taucht überraschend in einem Museum auf. Sie stört die Performance einer Künstlerin, die sich aus ihrer Sicht politisch inakzeptabel zu einem aktuellen Konflikt geäußert hat, mit lauten Rufen und Trillerpfeifen. Die Performance muss abgebrochen werden, die Gruppe wird des Hauses verwiesen. Filmsequenzen von der Aktion werden in Social Media viel geteilt und sorgen für Aufregung sowohl bei Sympathisant*innen als auch Kritiker*innen der Gruppe. Jede Seite wirft der anderen vor, dialogunfähig zu sein.

Fall 2

Eine Kulturinstitution, deren Programm eigentlich nicht besonders politisch ist, wird zum Ziel einer Boykott-Kampagne, die vor allem auf Instagram stattfindet. Sie lasse sich vom deutschen Staat finanzieren, der in einem Krieg die falsche Seite unterstütze. User*innen aus vielen Ländern schalten sich ein. Die Initiatoren haben auch einige Künstler*innen dazu bewogen, sich von dem Haus zu distanzieren und die Zusammenarbeit abzusagen. Auf der Website häuft sich die Auskunft »Veranstaltung fällt aus«.

Fall 3

Einem Buchverlag wird von rechtspopulistischen Gruppen vorgeworfen, er treibe Jugendliche in die Transsexualität hinein. Er hatte das Buch eines 16-jährigen Mädchens verlegt, das darin sein Coming-out als transgender beschreibt. Im Netz kursieren auf anonymisierten Accounts die Termine einer geplanten Lesereise in Stadtbüchereien mit der Aufforderung, dort aufzutauchen und den Zugang zur Lesung zu blockieren: »Schluss mit der Genderpropaganda!« Einige Lesungen werden aus Sicherheitsgründen abgesagt.

Was verbindet diese Fälle? In einem spannungsgeladenen Themenfeld prallen jeweils diametral entgegengesetzte Meinungen und Haltungen aufeinander. Und das nicht in einem klar definierten und dafür vorgesehenen Forum, sondern in einer »mixed zone« aus Online- und Offlinesphäre. Der Abbruch jeglichen Dialogs ist ein Ergebnis dieses Zusammenpralls – entweder unfreiwillig (Absage) oder gezielt (Boykott). In diesen immer wiederkehrenden Kollaps-Punkten in den aktuellen kulturellen Debatten sehen wir Symptome einer schweren Störung des öffentlichen Gesprächs. Wir nennen sie Diskurskrise.

Der lateinische Wortursprung von Diskurs ist das Verb discursus, »umherlaufen«. Die Bewegung ist demnach das konstituierende Element jeglichen Diskurses. Argumente und Gedanken müssen zwischen Gruppen und Personen wandern und zirkulieren können, um gehört, wiederholt, kritisiert, variiert, widerlegt, bestätigt oder weitergedacht werden zu können. Wird dieses Umherlaufen an einer Stelle gestoppt, ist der Prozess potenziell im Kern betroffen.

Kommt der Diskurs irgendwo zum Stillstand oder wird abgebrochen, bedeutet das nicht, dass an der Stelle keine Kommunikation über das jeweilige Thema stattfindet. Das ergibt sich allein schon aus dem berühmten Axiom des Kommunikationsforschers Paul Watzlawick: »Verhalten hat kein Gegenteil, oder um dieselbe Tatsache noch simpler auszudrücken: Man kann sich nicht nicht verhalten. Wenn man also akzeptiert, dass alles Verhalten in einer zwischenpersönlichen Situation Mitteilungscharakter hat, d.h. Kommunikation ist, so folgt daraus, dass man, wie immer man es auch versuchen mag, nicht nicht kommunizieren kann.«[1] Demnach wäre auch die Ab-

1 Watzlawick et al.[?] 1969/1990, S. 51.

sage eines Vortrags durchaus als Beitrag zur allgemeinen gesellschaftlichen Auseinandersetzung mit einem bestimmten Thema zu sehen. Allerdings zielt die Absage eben gerade nicht mehr auf den Austausch, sondern auf den Ausschluss.

Die Aussage liegt hier nicht im Inhalt, sondern im Umgang mit der Kommunikationsarchitektur selbst. Jedes Diskursformat – von der Meinungsseite über das Symposium bis zur Talkshow – legitimiert die Positionen von eingeladenen Sprecher*innen oder Beitragenden derart, dass es sie als debattenwürdig markiert. Eine ausgeschlossene Position ist nicht nur der Wahrnehmbarkeit entzogen, sondern wird zugleich delegitimiert. Indem man ausschließt oder den Ausschluss fordert, skizziert man das Feld des (hier, in diesem jeweiligen Kontext) Akzeptablen. Nach Watzlawick wäre eine Absage oder ein Boykottaufruf also durchaus eine Form von Kommunikation – nicht aber eine des Gesprächs.

Dass die Reaktionen auf Absagen und Boykotte oft so heftig ausfallen, erklärt sich genau aus diesem Akt der Delegitimierung: Das Signal an den Ausgeschlossenen oder Boykottierten ist, dass seine Stimme es in einem bestimmten Kontext nicht verdient, überhaupt gehört zu werden. Darin liegt auch eine Demütigung, die vielen Eskalationen in der Diskurskrise ihre psychologische Schubkraft verleiht.

Ursachen der Diskurskrise

Die Kultur ist die natürliche Arena identitätspolitischer Konflikte – schon allein deswegen, weil es bei diesen weniger um ökonomische oder territoriale Fragen geht als eben um kulturelle Zuschreibungen in den Kategorien Race, Gender und Class. Auf diesen Feldern gab es schon im 20. Jahrhundert andauernde Konflikte und Kämpfe; seit den späten 1970er Jahren wurde verstärkt an Theorien dazu gearbeitet.

Die Besonderheit der aktuellen Diskurskrise besteht aber darin, dass sie aus der Logik des Digitalen heraus entsteht. Die mediale Öffentlichkeit hat im Digitalzeitalter eine grundlegend andere Struktur als in der analogen Moderne. Man könnte den Unterschied so beschreiben: In der analogen Zeit waren die Kontexte, in denen Debatten ausgetragen wurden, auf definierte Kanäle beschränkt und damit halbwegs überschaubar. Im Digitalen aber sind sie komplex und voller Zufallseffekte.

Kommen wir noch einmal zurück auf die Care-Konferenz und den Sprecher mit Hamas-Sympathien. In früheren Zeiten hätte es selbstverständlich auch passieren können, dass auf einmal Dinge über einen eingeladenen Redner bekannt werden, die inhaltlich problematisch sind. Aber die Wahrscheinlichkeit, dass man davon überhaupt erfahren hätte, wäre wesentlich geringer gewesen. Damals bekam man recht leicht einen Überblick über die Veröffentlichungen eines Publizisten. Die Kommunikation wurde von seinem Verlag organisiert; eventuell gab es noch Interviews, die aber kaum aufzufinden waren, zumal wenn sie im Radio oder im Fernsehen gesendet wurden. Der Kontext eines Menschen war klar erkennbar – oder zumindest wirkte es so. Man könnte auch sagen, dass einfach weniger Informationen über einen Menschen in die Öffentlichkeit gelangten oder dort dauerhaft greifbar waren; und dass diese besser kontrolliert werden konnten.

Das Gleiche galt für das Publikum. Eine Kulturfabrik oder ein Museum wurde in der Regel von einem lokalen Publikum besucht, plus einiger Besucher*innen von »außerhalb«. Es war ein kulturfreundliches Milieu, das in der Regel auch noch durch eine im Großen und Ganzen ähnliche Haltung zu Themen aus Politik und Gesellschaft verbunden war. Die Medienvertreter*innen, die sich mit dem Haus beschäftigten, waren bekannt. Nur sehr selten geriet ein Haus mal in den Lichtkegel einer anderen als der gewohnten Teilöffentlichkeit. Auch wenn Kulturinstitutionen immer wieder bemüht waren, ihren Wirkungskreis zu erweitern, blieben sie doch meist einem Stammpublikum verpflichtet.

Im Digitalen werden solche Kontexte tendenziell ausgeblendet. Jemand sitzt zu Hause an seinem Desktop oder irgendwo am Smartphone und postet etwas auf X oder Instagram. Oft reagiert er oder sie dabei auf andere Dinge, die im Netz gefunden wurden. In dem Post oder erst recht einem Kommentar, den ein*e User*in auf einer Social-Media-Plattform veröffentlicht, ist dessen oder deren sozialer Kontext kaum erkennbar. Zwar verrät das Profil vielleicht ein paar Dinge über die Person, und man kann sich über andere Posts etwas zusammenreimen. Aber wesentliche Informationen fehlen: Aus welchem Land oder aus welcher Region kommt sie? Welchen Habitus hat sie? Wie ist sie sozialisiert, welcher Altersgruppe gehört sie an, welchem Milieu und welchem politischen Spektrum? Statt einen Gesamteindruck von einem Menschen zu bekommen, erhalten wir fragmentierte Informationen.

Clash of Context

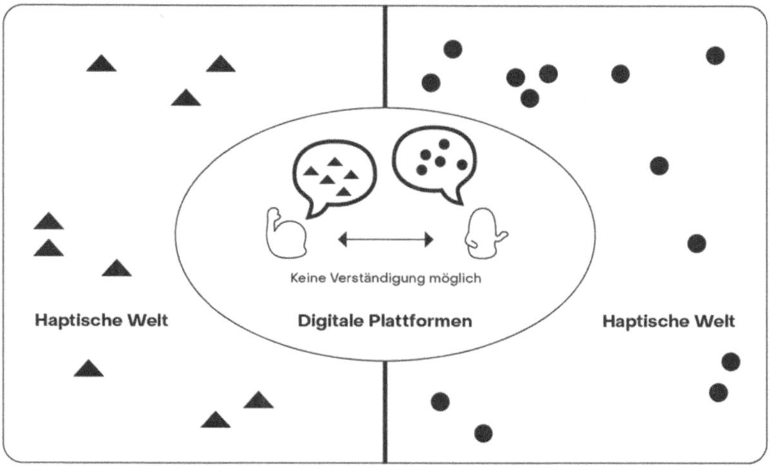

Das Netz ermöglicht uns, jeden Tag Identifikationen zu setzen. Die sind nicht immer durchdacht oder gestaltet, sondern folgen oft auch spontanen Impulsen. Wenn wir einen Artikel über den Sieg einer Fußballmannschaft liken, was bedeutet das dann? Ist es ein Fan-Like, haben wir das Spiel zusammen mit Freund*innen gesehen und erinnern uns gern daran, oder sind wir mit der Region oder anderen nichtsportlichen Aspekten des Themas verbunden? Wenn wir ein Foto von einem Sonnenuntergang posten, zeigen wir uns damit als Romantiker*innen oder als Ironiker*innen?

Auf Internet-Plattformen wird von User*innen keine Konsistenz erwartet. Widersprüchliches Handeln oder Bekunden wird nicht sanktioniert. Das erzeugt eine große Freiheit, die einen der großen Vorteile digitaler Kommunikation ausmacht. Im Netz begegnen wir ständig für uns neuen Ideen, fremden Personen und anderen Sichtweisen. Wir sind in einem unbewussten Prozess der Erweiterung und Veränderung unserer Wahrnehmung und unserer Gewohnheiten.

Aber es gehen eben auch die Zusammenhänge verloren, die unser Leben normalerweise bedingen und bestimmen und an denen andere uns erkennen und dechiffrieren können. Wir sind für andere User*innen nur sehr eingeschränkt lesbar und es braucht eine Reihe von Codes, damit es zu einer Verständigung kommen kann. So entstehen komplexe Wechselwirkungen zwischen vielen Codes und Welten, die eine neue Öffentlichkeit mit verwirrenden, lustigen und fesselnden Phänomenen hervorbringen. Es kommt zu einem Zusammenprall der Realitätskonstruktionen – einem Clash of Context.

Ein Clash of Context ist erkennbar, wenn auf einmal ganz punktuell eine andere, radikale Seite des Care-Sprechers sichtbar wird und man nicht einschätzen kann, wie stark sie ist und ob sie zum Rest der Persönlichkeit passt. Er passiert, wenn Bilder von der Störung einer Performance losgelöst von denen, die sie gepostet haben, durchs Netz wandern, ein Eigenleben führen und Triggerpunkte berühren. Er trifft eine relativ unpolitische Kulturinstitution, über die ein*e weit entfernt lebende*r Aktivist*in beim Googeln herausgefunden hat, dass sie in Deutschland subventioniert wird. Und er kommt wie eine unbestimmte Drohung über die Stadtbüchereien, die nicht wissen, ob der Shitstorm zur Trans-Lesung lokal genug Leute mobilisieren kann, die dann vielleicht den Zugang zur Lesung blockieren – oder ob überhaupt niemand auftaucht.

Der Clash of Context ist ein Effekt, den digitale Plattformen strukturell permanent erzeugen. Damit wird er zum Faktor in allen öffentlichen Debatten. In der Diskurskrise sind plötzlich Kulturinstitutionen davon betroffen – Häuser, die lokal basiert sind und deren Strukturen auf solche Dynamiken nicht ausgerichtet sind. Das ist der Grund, warum sich heutige Kulturskandale für Mitarbeitende der Häuser tatsächlich manchmal anfühlen wie ein Sturm oder ein Hagelschauer: Wie beim Wetter sind die komplex verschränkten Ursachen, die zu diesem Ereignis geführt haben, für den oder die Einzelne nicht erkennbar. Häufig werden Organisationen oder Häuser so von der Krise kalt erwischt, obwohl sich die dunklen Wolken am Horizont schon längst gezeigt haben.

Wie man vorbeugen kann: Krisenkommunikation

Kommt es zum Skandal, hat das betroffene Haus dabei mehr zu verlieren als die Interessierten, die ihn provoziert haben. Es geht um viel: um das eigene Ansehen – den guten Ruf.

Einerseits ist es die erklärte Aufgabe der Häuser, der Kunstfreiheit zu dienen. Sie sollen den Raum bieten, wo neue Gedanken und Bilder entstehen können, ohne die Gefahr der Zensur. Andererseits erwartet man von ihnen, dass sie diesen Raum auch kontrollieren, dass es Grenzen gibt. Diese Grenzen werden gerade für manche Themen neu verhandelt – in den identitätspolitischen Emanzipationsprozessen wird »Sagbares« und »Unsagbares« neu bestimmt und gemischt. Das bleibt nicht ohne Folgen für die Häuser, in denen plötzlich die alten Maßstäbe und Kriterien nicht mehr gelten.

Wenn die Diskurskrise mal wieder eine Kulturinstitution erwischt hat, laufen die Vorwürfe aus der Politik jetzt meist auf mangelnde Regulierung hinaus: Hier könnten sich radikale Gruppen »austoben«, hier werde Diskriminierung »Raum gegeben«. Selbst wenn sich eine Kulturinstitution gar nicht unbedingt mit einer oder mehreren Meinungen oder Statements von Eingeladenen identifiziert, wird sie in sehr polarisierten Situationen doch damit gleichgesetzt – weil die Grenzen des Diskursfeldes selbst umstritten sind und weil digitale Medien Begriffe einander eindeutig zuordnen. Die Folge ist eine Schädigung der Reputation. Plötzlich wird ein Haus, das bisher für qualitativ gute und kritische Kunst geschätzt wurde, mit Reizworten wie »Diskriminierung« oder »Propaganda« in Verbindung gebracht. Es gerät in die Defensive und verteidigt Dinge, die es vielleicht selbst nicht so wollte oder deren Rezeption es in einem komplexen Umfeld nicht mehr kontrollieren kann. Je nach Tragweite des Themas kann dieser Reputationsschaden sogar an die Substanz gehen – wie im Fall der international bedeutenden Kasseler Kunstausstellung documenta, die bis vor Kurzem glänzendes Ansehen genoss. Dort haben die Antisemitismus-Skandale der fünfzehnten Ausgabe von 2022 so schwere Schäden hinterlassen, dass die Zukunft ungewiss ist.

Damit die Häuser nicht ernsthaft Schaden nehmen und damit sie in der aktuellen Situation überhaupt ihre Arbeit fortsetzen können, empfehlen wir ihnen, sich mit den Grundlagen der Krisenkommunikation vertraut zu machen. Den Begriff Krisenkommunikation hätte man bis vor Kurzem kaum mit Kunst und Kultur in Verbindung gebracht – bekannt ist er vor allem aus der politischen (staatlichen) und der wirtschaftlichen (unternehmerischen) Sphäre. Er ist verbunden mit Notlagen wie Flutkatastrophen oder Amokläufen und mit den Versuchen von Firmen, ihren Ruf zu retten, etwa bei Produktfehlern oder Skandalen.

Für die sehr spezifischen Anforderungen der Diskurskrise haben wir das »Framework Krisenkommunikation« entwickelt. Es soll helfen, die Zahl der kommunikativen Kollapse zu reduzieren und den Kulturbetrieb auch in stürmischen Zeiten funktionsfähig zu halten. Das Framework ist vom Digitalen her entwickelt worden. Es versteht den Clash of Context als Matrix, mit der man umgehen muss – und kann. Mit Erfahrungen aus dem Community-Management und mit der Hilfe von Social-Listening-Tools lassen sich Shitstorms vermeiden und digitale Debatten mitgestalten.

Unser Konzept verfolgt aber nicht die Idee, schnell eine Kultur-Feuerwehr zu installieren, die die schlimmsten Brände löscht, um dann auf Besserung zu warten. Es weist stattdessen in die Zukunft. In der Diskurskrise zeigen sich Aspekte der Digitalisierung, die den Kulturbetrieb grundlegend verändern werden. Der Umgang mit den neuen Formen von Öffentlichkeit erfordert interne Klärungsprozesse und Bereitschaft zur Transformation. Erst wenn die Häuser ihre eigene Haltung definiert und neue Arbeitsweisen und Strukturen entwickelt haben, sind sie dauerhaft gerüstet. Auch dafür will dieses Buch Anregungen und Vorlagen anbieten.

2. Rollenwechsel der Kulturinstitutionen

Schon seit einiger Zeit bröckelt der Stolz. Museen und Theater, Bibliotheken und Hochschulen spüren, dass ihr Ansehen sinkt. In Social Media, aber auch in redaktionellen Medien werden sie in bisher ungekanntem Ausmaß beschimpft und beschuldigt. Man wirft ihnen Antisemitismus, Rassismus oder andere Formen von Diskriminierung vor – ob im Einzelfall zu Recht oder zu Unrecht: Es bleibt etwas hängen. Die Stimmung verändert sich. Plötzlich scheinen sie alle suspekt zu sein, die Häuser der Kunst, die noch vor Kurzem den Nimbus des Guten ganz selbstverständlich trugen. Waren sie nicht jahrzehntelang der Ort, an dem der bürgerlichen Gesellschaft deren schlechte moralische Bilanz vorgehalten wurde? Haben sie nicht jene unangenehmen Themen angesprochen, über die andere lieber schweigen wollten? Wie kann es sein, dass sie jetzt vom progressiven Teil der Bevölkerung so heftig attackiert werden, dass der konservative bis reaktionäre Teil schon Morgenluft wittert und auf Kürzungen und Schließungen hinarbeitet?

Wer die Ursachen der Diskurskrise verstehen will, muss den Rollenwechsel der Kulturinstitutionen seit den 1980er Jahren in den Blick nehmen. In den Jahren vor dem Mauerfall begann ein Funktionswandel, der sich erst jetzt in der Tiefe auswirkt. Die Häuser verloren schleichend ihre Aufgabe, Außenseiterpositionen zu markieren, die dann, mühsam oder lustvoll, ins Gesamtbild der Gesellschaft integriert wurden. Heute kommen Innovationen und Subversionen nicht mehr unbedingt aus der Kunst. Ihre Rolle als Schrittmacherin hat sie verloren. Nun kommen andere Akteur*innen und fordern von der Kunst, dass sie sich bewegen soll. Aber wohin?

In der Moderne: Von unten nach oben

Im 20. Jahrhundert hatten die Kulturinstitutionen viel mit der englischen Sagenfigur Robin Hood gemeinsam. Obwohl Kunsthäuser und Theater in der Regel öffentlich finanzierte Einrichtungen waren, gaben sie sich den Habitus von Außenseitern der Gesellschaft. Sie nahmen von den Reichen und gaben den Armen, das heißt: Permanent wurden Aufmerksamkeit und Ressourcen von oben nach unten verschoben. Etablierte, gar klassische Künstler*innen wurden zwar gezeigt, galten aber auch schnell als zu alt, irrelevant, überholt. Sie hatten eine tendenziell geringere Daseinsberechtigung als solche, die jung und oft noch arm waren und die man der Avantgarde ihrer Zeit zurechnen konnte. Ihre Aufgabe sahen die Häuser darin, dem Neuen, Unetablierten, Subversiven Platz zu geben. Sie folgten damit der Kunst, die sich neuerdings als revolutionierende Kraft verstand.

Das Feindbild aller modernen Künste war die bürgerliche Gesellschaft. Im Verlauf des 19. Jahrhunderts hatte das Bürgertum in ganz Europa die Reste der Adelsherrschaft abgeschüttelt und die Welt durch den Bau von Fabriken und die Etablierung der Lohnarbeit erobert. Eine Erfolgsgeschichte. Aber die neue herrschende Klasse hatte auch Schwachstellen. Dazu gehörte die Ausbeutung einer neu entstandenen Unterschicht, der Arbeiterklasse. Und dazu gehörte die sogenannte bürgerliche Moral: ein noch vom Christentum beeinflusstes Set an fragwürdigen Werten wie Disziplin, »Sittlichkeit« und Profitdenken.

Spätestens seit den 1880er Jahren begannen Künstler*innen, diese Schwachstellen mit neuer Dringlichkeit zum Thema zu machen. Meist kamen sie selbst aus dem Bürgertum, was die Treffsicherheit ihrer Arbeiten erhöhte. Im Theater etablierten vor allem die Stücke des Norwegers Henrik Ibsen einen neuen Stil, in dem verborgene Widersprüche und Lebenslügen unbarmherzig ans Licht geholt wurden. Ibsen attackierte die bürgerliche Vorstellung von Diskretion und Anstand, die nach seiner Meinung ohnehin auf Selbstbetrug basierte. In der Literatur begann die Zeit der Sprachexperimente. Dichter wie Charles Baudelaire, Joris-Karl Huysmans oder Arthur Schnitzler ließen die Konventionen »realistischer« Beschreibungen einer begreif- und berechenbaren Wirklichkeit hinter sich und schienen mit ihren Werken direkt ins menschliche Bewusstsein vordringen zu können. Dort vermuteten sie Abgründe, aber auch ungeahnte revolutionäre Kräfte.

In der bildenden Kunst übernahmen die Impressionist*innen die Aufgabe, die alte Formensprache durch etwas zu ersetzen, was zunächst als Auflösung wahrgenommen wurde. Die Lichtimpressionen von Gustave Courbet, Edouard Manet und anderen standen am Beginn einer Entwicklung, die bis hin zur Abstraktion führte. Systematisch untergrub die Kunst alte Gewissheiten darüber, wie die Welt sei und wie man sie abbilden könne.

Oft waren die Attacken auf die alte Ordnung von großen Ankündigungen begleitet. Besonders krasse Töne schlugen die Futuristen an, eine italienische Künstlergruppe. Im Futuristischen Manifest von 1909 schrieb deren Anführer Tommaso Marinetti: »Wir wollen die Museen, die Bibliotheken und die Akademien jeder Art zerstören.«[1] Museen seien »öffentliche Schlafsäle, in denen man für immer neben verhassten oder unbekannten Wesen schläft!«[2]

Die Institutionen der Kunst hätten das übel nehmen und sich der Avantgarde entgegenstellen können. Und natürlich gab es auch konservativen Widerstand gegen die neuen Strömungen, und die Entwicklung verlief nicht überall im gleichen Tempo. Aber überwiegend entschieden sich Direktor*innen und Intendant*innen, zu Schrittmachern der Revolution zu werden. Zwar nicht immer an vorderster Front, aber doch nahe dran an den Kämpfen der Gegenwart, schrieben Museen, Theater und Verlage sich das Neue auf die Fahnen. Das »gemütliche« 19. Jahrhundert war unwiederholbar vorbei. Fortan wurde es einem Museum übelgenommen, wenn es nicht regelmäßig die Sammlung umhängte und neue Positionen zeigte; im Theater konnten klassische Stücke von Shakespeare oder Goethe zwar noch gespielt werden, mussten aber von der Regie immer wieder »gegen den Strich gebürstet« oder »dekonstruiert« werden. Der Sturm auf das Alte wurde zur festen Einrichtung. Freie Bühnen, Kunstvereine und Festivals nahmen parallel dazu eine wichtige Rolle ein; hier sah man das Neue oft zuerst.

1 Schmidt-Bergmann 2009, S. 95.

2 Schmidt-Bergmann 2009, S. 78.

Wozu Kunstskandale gut waren

Kunstskandale hatten in diesem Setting eine spezifische Funktion – auch wenn man das vielleicht eher im Nachhinein so sehen kann. Sie boten den gesellschaftlichen Konflikten, die hinter dem Streit um die neuen Kunstströmungen standen, eine narrative Zuspitzung – eine Mini-Erzählung, zu der jede*r eine Meinung haben konnte. Anhand eines einzelnen Falls konnten jetzt die dahinterliegenden Themen auch außerhalb des künstlerischen Milieus zur Sprache gebracht werden.

Und mehr noch: Skandale erzwingen Entscheidungen. Wird ein Bild abgehängt oder bleibt es im Museum? Wird das Stück vom Spielplan genommen oder läuft es weiter? Manche Kunstskandale landeten vor Gericht. Je nachdem, wie es entschied, wurden die Tabubrüche moderner Künstler*innen belohnt oder sanktioniert. Es wurden also ganz real die Grenzen dessen verschoben, was man in der Öffentlichkeit sagen oder zeigen konnte.

Zwei der berühmtesten Kunstprozesse wurden um Werke des Malers und Grafikers George Grosz geführt. Im Dezember wurde er zusammen mit seinen Verlegern am Berliner Landgericht angeklagt, mit seiner 1922/23 veröffentlichten Bildermappe »Ecce Homo« unzüchtige Darstellungen in Umlauf gebracht zu haben, wie das damals hieß. Heute würde man von Pornografie sprechen. Vor allem die explizite Darstellung von Prostituierten, Zuhältern und Freiern war ein Stein des Anstoßes. Grosz wurde Anfang 1924 schuldig gesprochen, er musste 500 Reichsmark zahlen, außerdem mussten 22 Grafiken aus dem Werk entfernt werden.[3]

Noch mehr Aufsehen erregte der sogenannte Gotteslästerungsprozess gegen Grosz. Er begann 1928. Das Blatt »Der Christus mit der Gasmaske« zeigte Jesus am Kreuz, bekleidet mit eben jener Gasmaske, die seit dem Ersten Weltkrieg allgemein bekannt war; das Motiv erinnerte an den Einsatz von Giftgas auf den Schlachtfeldern. Christus in einem solchen Zusammenhang zu zeigen, galt vielen Zeitgenossen als blasphemisch, zumal mit der beigefügten Unterzeile »Maul halten und weiter dienen«. Nach einer langen gerichtlichen Auseinandersetzung, die breit in den Medien diskutiert wurde, wurde Grosz im Dezember 1930 freigesprochen; in einer zweiten Revisionsverhandlung wurde allerdings die Unbrauchbarmachung der bereits veröffentlichten Grafiken und Platten verfügt.

3 Schulenburg 1993, S. 112.

In beiden Fällen wurde nur vordergründig über konkrete Kunstwerke verhandelt. In Wirklichkeit ging es um die Macht der Kirche, die fest an sexuelle und moralische Tabus gekoppelt war. Je stärker diese Tabus gelockert werden konnte, desto weniger Einfluss hatten die alten Autoritäten. Für Grosz waren die Prozesse mit vielen Unannehmlichkeiten verbunden – aber sie nützten auch seinem Ansehen als im besten Sinne freier Künstler. Vor allem sein Freispruch im zweiten Prozess verschaffte dem Künstler Heldenstatus in der Kulturszene der Zeit.

In den Kunstskandalen, die im 20. und 21. Jahrhundert noch folgen sollten, kehrte das Thema der Sittlichkeit immer wieder. Der Bogen reicht vom Prozess um das Masturbationsbild »Die große Nacht im Eimer« von Georg Baselitz, das 1963 wegen »Unsittlichkeit« beschlagnahmt wurde, bis hin zur Klage eines Nachfahren des »Sonnenkönigs« Ludwig XIV. gegen eine angeblich entwürdigend pornografische Schau des Künstlers Jeff Koons 2008 in Versailles. Der Kampf der Kunst gegen die bürgerliche Moral war oft schon kurzfristig, manchmal aber erst langfristig erfolgreich. In jedem Fall wurden Künstler*innen zu Held*innen im Kampf gegen jene Moral, auf die sich staatliche und kirchliche Autoritäten lange Zeit stützten.

Fassbinder in Frankfurt – ein Skandal neuen Typs

In der Nachkriegszeit standen Künstler*innen und mit ihnen die Kulturhäuser also für Fortschrittlichkeit und Emanzipation. Grob gesagt, verteidigten sie die Schwachen. Dieses Bild bekam im Jahr 1985 einen deutlichen Riss.

Im Oktober dieses Jahres sollte ein umstrittenes Theaterstück im Schauspiel Frankfurt uraufgeführt werden: »Der Müll, die Stadt und der Tod« von Rainer Werner Fassbinder. Fassbinder war eigentlich für seine Filme bekannt. Er war 1982 gestorben, das Stück stammte aus dem Jahr 1975. Eine der Figuren ist ein Frankfurter Immobilienspekulant, der sich selbst als »der reiche Jude« bezeichnet. Es war nicht schwer, in dieser Figur die Reproduktion eines der gängigsten antisemitischen Klischees zu sehen, des skrupellosen Kapitalisten.

Am Tag der geplanten Uraufführung demonstrierten rund 1000 Menschen vor dem Theater, drinnen besetzten etwa 30 Mitglieder der Jüdischen Gemeinde der Stadt die Bühne. Sie warfen dem Schauspiel Frankfurt und seinem Intendanten Günther Rühle »subventionierten Antisemitismus« vor.

Die Uraufführung wurde verhindert, ein Erfolg der Protestierenden. Die Debatte ging noch lange weiter. Der Vorwurf, ein verheerendes Klischee zu reproduzieren, konnten die Befürworter*innen des Stücks nie ganz entkräften, auch wenn manche argumentierten, Fassbinder habe hier die Mechanismen hinter dem Antisemitismus sichtbar machen wollen.

Es war eine verdrehte Welt: Plötzlich war das Theater der Ort, an dem eine Minderheit diskriminiert wurde. Und dann noch eine, der im Nationalsozialismus in unvorstellbarem Maß Unrecht angetan worden war. Der Publizist Michel Friedman, der damals an der Besetzung der Bühne beteiligt war, beschrieb diesen Akt des Protestes 30 Jahre später als einen Moment der Befreiung für die Jüdinnen und Juden in Frankfurt und Deutschland: Es sei ein »notwendiger Emanzipationsprozess gewesen, der die Identitätsvorstellung jüdischer Gemeinschaft verändert hat. [...] Man hat sich nach dieser Aktion nicht mehr wie in einem Ghetto gefühlt.«[4]

Statt die Heimstatt von emanzipatorischen Bestrebungen zu sein, war das Theater nun der Gegner, gegen den die Emanzipation durchgesetzt werden musste. Für die Protestierenden an dem Abend war es ein entscheidender Faktor, dass das Schauspiel Frankfurt als subventionierte städtische Bühne das Gemeinwesen repräsentiert, zu dem eben auch die Jüdische Gemeinde gehört. Michel Friedman: »Wäre das Stück in einem privaten Theater gelaufen, hätte man demonstriert, aber nicht die Bühne besetzt.«[5]

Im Nachhinein erscheint der Streit um das Fassbinder-Stück als der erste Skandal jenes neuen Typus, der heute den Kulturbetrieb beschäftigt. Die zu dieser Zeit schon etwas bequem gewordenen Attacken auf das Bürgertum und seine Moral waren in dem Stück noch angelegt – wurden aber überblendet vom Angriff auf eine religiöse und gesellschaftliche Minderheit. Die wehrte sich mit den Mitteln identitätspolitischer Selbstbehauptung. Die Kulturwelt stand Kopf. Das Theater erschien plötzlich als Repräsentant des »Oben« – der Macht.

4 Diederich und Menne 2015, S. 9.

5 Diederich und Menne 2015, S. 10.

Die Guerilla Girls zählen nach

Im Jahr des Fassbinder-Skandals, 1985, gründete sich in New York eine neue Künstlerinnengruppe: die Guerilla Girls. Sie bestand aus feministischen Aktivistinnen, die bei ihren Performances Gorillamasken trugen (und bis heute tragen). Die Mitglieder nannten sich nach berühmten verstorbenen Malerinnen wie Frida Kahlo, Käthe Kollwitz oder Georgia O'Keeffe. Sie identifizierten sich mit diesen Heldinnen der Moderne, um den Anspruch auf Gerechtigkeit zu unterstreichen: Künstlerinnen sollten in den Museen und Ausstellungshallen endlich den gleichen Platz bekommen wie Künstler. Die Ungleichbehandlung von Frauen gegenüber Männern ist das große Thema der Guerilla Girls.

Diesen feministischen Blick auf die Kunstgeschichte hatte die US-amerikanische Kunsthistorikerin Linda Nochlin schon im Jahr 1971 eingefordert. In ihrem Essay »Why have there been no great women artist?«[6] lenkte sie das Augenmerk weg von den angeblich individuellen Gründen, warum die Kunstgeschichte keine großen Künstlerinnen zu kennen scheint – hin zu den strukturellen, institutionellen Hindernissen. Die Guerilla Girls entwickelten zu den Fragen, die sich daraus ergaben, eine aktivistische, effektsichere Kunst, in der die patriarchale Prägung der Kunstwelt sichtbar gemacht und deren gegenwärtige Vertreter attackiert wurden. In öffentlichen Aktionen, auf Plakaten und Flugblättern thematisierten sie die konkreten Formen kultureller Ungerechtigkeit.

Ihre Methode war das Nachzählen. Eines ihrer berühmtesten Plakate aus dem Jahr 1989 zeigt einen typischen altmeisterlichen weiblichen Rückenakt, nur dass an Stelle des Kopfes eine Gorilla-Maske zu sehen ist. Eine Schlagzeile beherrscht die Grafik: »Do women have to be naked to get into the Met. Museum?« Darunter etwas kleiner die Rechnung: »Less than 5 % of the artists in the Modern art sections are women, but 85 % of the nudes are female«.[7]

Indem die Guerilla Girls den feministischen Kampf statistisch untermauerten, veränderte sich die Debatte in der Kunstwelt. Es ging jetzt nicht mehr um allgemeine Fragen der Darstellung von Männlichkeit und Weiblichkeit, sondern um handfeste materielle Interessen. Die Zahlen machten eine Struktur sichtbar, die bis dahin kaum wahrgenommen worden war: Der

6 Nochlin 1988.

7 Metropolitan Museum, kein Datum.

männliche Blick und dessen institutionelle Verankerung war kein abstraktes ästhetisches Phänomen, sondern er limitierte real Chancen von Frauen in der Kunstwelt. Ähnlich wie der Fassbinder-Skandal haben auch die Aktionen der Guerilla Girls Schule gemacht und den Blick auf die Kunstinstitutionen verändert. Deren Verpflichtung, der Avantgarde zu dienen, bezog sich vor allem auf einen bestimmten Genie-Habitus, den man lange Zeit Männern zuschrieb. Die moderne Kunst hatte zwar auch der Präsenz von Frauen einen Schub gegeben – von wirklicher Gleichheit war man aber weit entfernt. Die Museen erschienen plötzlich als Repräsentanten männlicher Macht.

Die Kunstinstitution als Machtstruktur

Was mit dem Fassbinder-Skandal und den Aktionen der Guerilla Girls begann, hat sich zu einer Grundspannung entwickelt, unter der alle Kunstinstitutionen heute arbeiten. Es ist nicht länger die Kunst selbst, die aus ihrer ästhetischen Kraft heraus die Impulse setzt, Tabus bricht und Grenzen verschiebt. Stattdessen drängen bisher an den Rand gedrängte Gruppen und Individuen auf eine angemessene Repräsentanz ihrer Erfahrungen. Sie möchten »gesehen werden«, ihre Perspektiven sollen in der Kunst vorkommen – zumindest möchten sie nicht länger diskriminiert werden durch falsche Darstellungen in den Arbeiten anderer. Aus dieser Spannung heraus entsteht derzeit die kulturelle Dynamik.

Dabei geht es nicht nur um etwas mehr Teilhabe. Berührt werden stattdessen die kommunikativen Grundlagen der Kunstproduktion: die Frage, wer sich überhaupt wie und wo öffentlich ein Bild der Welt macht und machen kann. Angestoßen durch die einflussreichen Machtanalysen des Philosophen Michel Foucault, fragen immer weitere Generationen von Akteur*innen nach den gesellschaftlichen Bedingungen des Wissens, das einem Publikum dann als »objektiv« präsentiert wird.

Die Häuser der Kultur gelten folglich noch immer als Orte der Freiheit, zugleich aber auch als machtvolle Stätten der Definition: Hier wird entschieden, wessen Perspektive zählt und wessen nicht. Museen etwa haben seit ihren Anfängen vor etwa 250 Jahren immer einzelne Sichtweisen privilegiert, indem sie andere ausgeschlossen haben. Sie agierten im Einklang mit den herrschenden Idealen der jeweiligen Zeit. Der Kulturwissenschaftler Joachim Baur zieht eine ernüchternde Bilanz: »Die Institution Museum und das Wissen, das sie schafft, sind historisch aufs engste in koloniale, patriarchale, rassistische, kapitalistische, extraktivistische, objektifizierende und verändernde, hierarchische und herrschaftsstabilisierende Praktiken und Strukturen verstrickt.«[8]

Den Häusern sind diese »Krisen der Repräsentation«[9], wie die Kulturwissenschaftlerin Nora Sternfeld sie nennt, weitgehend bewusst. Mit unterschiedlicher Intensität arbeiten sie daran, ihre Gerechtigkeitsdefizite zu beheben und neue Zugänge zu schaffen. Museen suchen nach bisher übersehenen Künstler*innen, nach Kunst aus migrantischen Communitys und marginalisierten Gruppen. Im Theater wird der Kanon erweitert, Autor*innen aus dem Globalen Süden oder hiesigen Migrant*innengruppen werden zumindest an vielen Orten gesucht und gefördert. Festivals und in Förderprogramme schrieben sich Diversität auf die Fahnen.

Doch bei aller Aktivität scheint es den Häusern schwerzufallen, mit den Entwicklungen wirklich Schritt zu halten. Das hat einerseits offenbar mit der Trägheit der Apparate oder auch mit dem Unwillen der Leitungen zu tun. Im Frühjahr 2024 bediente sich der Verein »Pro Quote Bühne« der Guerilla-Girls-Methode und hielt dem Hamburger Thalia Theater eine peinliche Rechnung vor: In der letzten Spielzeit des Intendanten Joachim Lux waren für beide Spielstätten je 13 Premieren geplant – je eine davon unter weiblicher Regie. »Pro Quote Bühne« rief zum Boykott des Theaters auf, speziell bei den Premieren sollten die Säle leer bleiben.[10] Zum anderen aber ist es auch komplizierter geworden, überhaupt einen angemessenen Bezug zum Kulturpublikum herzustellen. Identitätspolitik wird heute nicht mehr blockweise betrieben. Es schließen sich keine großen Gruppen von Marginalisierten fest zusammen, die dann zu politischen Akteuren werden und quasi die Verhandlungen führen. In der digitalisierten Öffentlichkeit ist der Einzelne der Ausgangspunkt; er setzt seine Identitätspunkte und Allianzen immer wieder neu; in komplexen Wechselwirkungen potenziert sich ihre Kraft, aber auch ihr destruktives Potenzial. Die Digitalisierung führt dazu, dass das Bemühen der Häuser um maximale Diversität manchmal an die Geschichte von Hase und Igel erinnert: Egal wie schnell und geschickt die Häuser agieren – das Gefühl, ganz vorne zu sein, stellt sich nur noch selten ein.

8 Baur 2023, S. 23.

9 Sternfeld 2018, S. 22.

10 Schirrmeister 2024.

3. Aktuelle Krisenthemen

Die hier aufgeführten aktuellen Krisenthemen beruhen auf einer Momentaufnahme. Schon ein Jahr später kann sich die Lage wieder gänzlich verändert haben. Was vermutlich noch eine Weile bleiben wird, ist die Grundierung dieser Themen in jenen identitätspolitischen Konstellationen, die sich in den letzten Jahrzehnten ausgebildet haben. Identitätspolitik bedeutet, vereinfacht ausgedrückt: Es geht nicht nur darum, was jemand sagt, sondern immer auch darum, wer es sagt. In manchen Fällen ist die Frage der Sprecher*innenposition sogar die entscheidende. Durch die flächendeckende Vitalität identitätspolitischer Muster geschieht nach Jahrzehnten, in denen der Kulturbetrieb relativ wenig politisiert war, eine gedankliche Verschiebung in Richtung Gerechtigkeit, aber auch eine Wende zum Komplizierten. Wir versuchen hier, drei große identitätspolitische Felder kursorisch zu beschreiben, die zu Krisen in den Häusern führen können; vor allem das erste Feld war in letzter Zeit auch für etliche Skandale verantwortlich.

Nahost-Konflikt/deutsche Antisemitismus-Debatte

Die documenta findet seit 1955 alle fünf Jahre in Kassel statt; sie gilt als international bedeutendste Ausstellung zeitgenössischer Kunst. Als im Februar 2019 die Künstlerische Leitung für die fünfzehnte Ausgabe im Jahr 2022 vorgestellt wurde, machte man sich für ein Experiment bereit: Erstmals würde kein*e einzelne Kurator*in die Schau leiten, sondern ein Kunstkollektiv: ruangrupa aus der indonesischen Hauptstadt Jakarta. Später wurde bekannt, dass ruangrupa keine Einzelkünstler*innen, sondern ausschließlich weitere Kollektive nach Kassel einladen würde; diese sollten ihre künstlerisch-aktivistische Arbeit präsentieren. Die inhaltliche Klammer war der Globale Süden: Eingeladen wurden Menschen aus ehemals von europäischen Mächten kolonisierten Ländern, die nun endlich eine direkte eigene Stimme bekommen sollten und sich nicht länger von westlichen Vermittlungsfiguren kuratieren lassen mussten.

Am 7. Januar 2022, als die Vorbereitung der Ausstellung schon in die Endphase ging, wurden im Blog des bis dahin kaum bekannten Kasseler »Bündnisses gegen Antisemitismus« schwerwiegende Vorwürfe erhoben. Unter der Überschrift »documenta fifteen: Antizionismus und Antisemitismus im lumbung«[1] wurde behauptet, einige der Verantwortlichen seien antizionistisch bzw. antisemitisch gesinnt – in Kassel seien judenfeindliche Inhalte zu erwarten.

Was dann folgte, war eine Krise, die sich allmählich entfaltete und in ihrer akuten Phase bis zum Ende der Schau am 25. September 2022 andauerte. Antisemitisch zu sein gehört zu den schwerwiegendsten Vorwürfen, die man in Deutschland gegen jemanden erheben kann. Entsprechende Wucht entfaltete das Thema. Die argumentativen Fronten waren bald deutlich erkennbar: Ein Teil der deutschen Öffentlichkeit stimmte in den Antisemitismus-Verdacht ein und baute Misstrauen auf. Ein anderer bekräftigte im Gegenteil das Vertrauen in den linken Kunstdiskurs, dem kein Antisemitismus zugetraut wurde. Die lumbung-Community rund um ruangrupa verwahrte sich gegen den Verdacht, Antisemitismus zuzulassen oder zu befördern, und vermutete dahinter rassistische Motive.

Diese Konstellation sollte die folgenden Monate prägen: Nachdem dann zur Eröffnung Mitte Juni tatsächlich eine eindeutig antisemitische Darstellung an einem prominenten Ort auftauchte (im Banner »People's Justice« von Taring Padi auf dem Friedrichsplatz), tat sich die Organisation schwer, damit transparent umzugehen: Erst wurde das Bild verhüllt, dann schließlich abgebaut, es kursierten verschiedene Statements von Kurator*innen und Künstler*innen, mal schienen sie Einsicht zu signalisieren, dann wieder das Gefühl, hier in Deutschland missverstanden und zensiert zu werden. Es folgten Debatten um weitere Werke. Irgendwann hatten sich die Rollen eingeschliffen. Das Vakuum, in dem sich die Antisemitismus-Vorwürfe ausbreiten konnten, wurde nicht durch eine Debatte gefüllt.

Die documenta fifteen wird sicher auch als interessante, ungewöhnliche Ausstellung in Erinnerung bleiben. Vor allem aber steht sie für einen schweren Diskurskollaps, bei dem zwar viel kommuniziert, aber wenig miteinan-

1 Bündnis gegen Antisemitismus 2022.

der geredet wurde. Die Perspektiven des Globalen Südens, wenn man das so vereinfacht sagen kann, und der Nachfahren der nationalsozialistischen Täter*innen waren beim Thema Antisemitismus nicht in Einklang zu bringen.

In der documenta fifteen wurde eine Konstellation akut, die 2018/19 im Streit um Achille Mbembe und die Boykottbewegung BDS zum ersten Mal auftauchte (siehe Einleitung). Sie konnte seither nicht aufgelöst werden. Ihre Effekte gehören zu den auffälligsten und schwersten Symptomen der Diskurskrise. Seit etwa der Jahrtausendwende hatte es der deutsche Kulturbetrieb als seine Aufgabe gesehen, die eigene Globalisierung zu betreiben. Während unsere Konsumgesellschaft davon lebt, dass bestimmte Lebensmittel und Rohstoffe für Europa relativ günstig zu haben sind, während ihre Erzeuger*innen wirtschaftlich schlecht dastehen oder sogar Not leiden, machten einige Akteur*innen des Kulturbetriebs diese Nachwirkungen des Kolonialismus zum Thema. Und zwar nicht, wie im 20. Jahrhundert, durch Werke und Schriften europäischer Autor*innen, die sich für Gerechtigkeit einsetzen oder marxistische Konzepte vertreten, sondern dadurch, dass man Künstler*innen aus ehemals kolonisierten Ländern ins europäisch-amerikanische Kunstsystem hineinholte und sie selbst zu Wort kommen ließ.

Dem vorausgegangen waren theoretische Arbeiten des Postkolonialismus, einem Forschungsgebiet der Kulturwissenschaften, das zugleich Elemente von Aktivismus enthielt. Diese theoretischen Vorarbeiten hatten seit den 1980er Jahren an Intensität und Umfang gewonnen, vor allem an US-amerikanischen und englischen Universitäten. Theoretiker*innen wie die indisch-amerikanische Literaturwissenschaftlerin Gayatri Chakravorty Spivak behandelten das Problem der Repräsentation und kamen zu dem Schluss, dass die »Subalternen« – die Rangunteren – zwar selbst für sich sprechen könnten, ihre Stimme aber in einer westlich dominierten Kultur strukturell unterdrückt wird. Damals gewann der identitätspolitische Gedanke an Bedeutung, dass persönliche Betroffenheit eine Voraussetzung ist, um über bestimmte Erfahrungen wirklich öffentlich sprechen zu können. Das ist das emanzipatorische identitätspolitische Paradigma.

Im deutschen Kulturbetrieb wurde dieses Programm zunehmend umgesetzt. Seit etwa 2015 bürgerte sich der Begriff »Globaler Süden« ein. Er ist nicht nur rein geografisch gemeint, sondern bezog sich eher auf kulturelle und historische Erfahrungen: eine Geschichte von Ausbeutung und Unterdrückung durch westliche beziehungsweise nach neuer Diktion: durch nördliche Mächte. Die gedankliche Klammer des Globalen Südens bildeten die ehemaligen Kolonialreiche in Afrika, Asien und Lateinamerika.

Für die bildende Kunst war die documenta Schrittmacher dieser Entwicklung. Die documenta 11 im Jahr 2002 wurde von dem nigerianischen Kurator Okwui Enwezor kuratiert; sie führte postkoloniale Kunst nachhaltig in den europäischen Kulturbetrieb ein. Die documenta 14 fand im Jahr 2017 parallel in Kassel und Athen statt – allein schon mit dieser Ortswahl wollte der polnische Kurator Adam Szymczyk die Aufmerksamkeit in Richtung des Globalen Südens verschieben. Die documenta fifteen 2022 war also in gewisser Weise die konsequente Fortsetzung dieses Wegs: Nun lag die Gestaltung komplett in der Hand des Südens; auch das westliche Konzept des Einzelkünstlers wurde für diese Ausgabe außer Kraft gesetzt.

Allerdings kollidierten Teile der Ausstellung dann mit dem, was man schlagwortartig »deutsche Erinnerungskultur« nennt. Sie bildete sich in ihrer heutigen Form in den 1980er Jahren. In der Bundesrepublik hatte endlich eine Aufarbeitung des Holocaust stattgefunden – wie hinreichend, darüber lässt sich streiten. Sie führte aber zu der Überzeugung, dass das Holocaust-Gedenken und der Schwur des »Nie wieder!« offiziell zum Teil des Wertefundaments der Bunderepublik erklärt wurden. Damit verbunden war ein besonders zugewandtes Verhältnis zum 1948 gegründeten Staat Israel. Als potenzielle Zuflucht für Juden und Jüdinnen aus der ganzen Welt habe er die besondere Solidarität Deutschlands verdient. Angela Merkel hat dieses Verhältnis 2008 bei ihrer Rede vor der Knesset in Jerusalem in eine Formel gegossen: »Diese historische Verantwortung Deutschlands ist Teil der Staatsräson meines Landes. Das heißt, die Sicherheit Israels ist für mich als deutsche Bundeskanzlerin niemals verhandelbar.«[2] Diese Formel bildete lange Zeit so etwas wie einen parteienübergreifenden Konsens.

Der Clash zwischen postkolonialen Positionen und deutscher Erinnerungskultur beziehungsweise Staatsräson wird meist genau dort sichtbar, wo es um die Haltung zu Israel geht. Der jüdische Staat wird in vielen postkolonial-aktivistischen Schriften und Äußerungen als »Apartheidstaat« oder »siedlerkolonialistischer Staat« bezeichnet. Er verfolge gegenüber den Palästinenser*innen nicht nur unterdrückerische, sondern sogar völkermörderische Pläne. Die Verfolgungsgeschichte, die zur Gründung Israels geführt hat, und die fortdauernde Bedrohung von Juden und Jüdinnen weltweit wer-

2 Merkel 2008.

den nicht oder nur widerwillig anerkannt; im Vordergrund steht immer die Besatzungsmacht, die typische Formen europäischer rassistischer Machtpolitik in die Gegenwart getragen habe. Im ideologisch verhärteten Teil des aktivistischen Spektrums wird »dem Zionismus« und damit Israel als Staat gar keine Legitimität mehr zugestanden – de facto wird das Existenzrecht Israels in Frage gestellt.

Seit dem brutalen Terrorangriff der islamistischen Hamas auf Israel am 7. Oktober 2023 und dem anschließenden Feldzug Israels im Gaza-Streifen mit tausenden getöteten Zivilist*innen hat sich dieser Konflikt verschärft. Die Polarisierung erscheint wie eingefroren: hier eine international, gerade auch in der Kultur wachsende Solidarität mit den Palästinenser*innen, in der stellenweise auch linker Antisemitismus zu Tage tritt – dort das deutsche Setting des »Nie wieder« und die leider berechtige Angst der Juden und Jüdinnen vor erneuter Diskriminierung. Etliche Kulturskandale der letzten Jahre gehen auf diese Konstellation zurück.

An dieser Stelle greifen wir einmal kurz vor, und zeigen auf den nächsten Seiten ein Element des Praxis-Teils. Eine Diskurs-Konstellation wie die oben beschriebene lässt sich darstellen in einer Diskursfeld-Grafik. Eine solche visuelle Darstellung hilft, sich zu orientieren: Welche Begriffe sind wo und wie mit anderen verbunden, und wie ist jeweils die gesellschaftliche Akzeptanz? Beim Krisenthema »Nahost-Konflikt und die deutsche Antisemitismus-Debatte« kann diese Grafik von Kulturinstitutionen zur Klärung der eigenen Position genutzt werden (mehr im Kapitel »Verstehen«). Allerdings ist zu beachten, dass sich dieses Diskursfeld ständig verändert, in dieser Form hier also eine Momentaufnahme ist.

Diskursfeld Nahost-Konflikt /Antisemitismus

PROBEMLOS SAGBAR

Hamas-Terror verurteilen

Empathie mit den Opfern und Geiseln der Hamas

Jüdische Kontexte und Geschichte kennen und würdigen

Israel als Staat und Projekt anerkennen

Sich gegen Rassismus wenden

Sich für die Rechte der Palästinenser*innen einsetzen

Israelische Regierung kritisieren

UMSTRITTENER BEREICH | **HOCHPROBLEMATISCH/ STRAFBAR**

- Den Hamas-Terror nicht erwähnen
- Anschuldigung „Siedler-Kolonialismus“
- Anschuldigung „Genozid“
- Anschuldigung „Apartheid“
- „From the river to the sea …“
- Offene Sympathie für Hamas
- Klassische antisemitische Motive
- Israelische Flagge verbrennen
- 3 D bezogen auf Israel: Dämonisierung, Delegitimisierung, Doppelstandards
- Anschuldigung „Holocaust“, „Faschismus“ etc.
- BDS-Unterstützung

Auf der linken Seite des Feldes sehen wir einen Bereich von Meinungen, die in Deutschland problemlos vertreten werden können. Problemlos heißt: Diese Meinungen sind auch im offiziellen politischen Spektrum der Parteipolitik abgebildet. Man wird einzelne Aspekte diskutieren, aber es wird keine Ausschlussforderungen geben.

Der mittlere Bereich der rechten Bildhälfte markiert einen Übergang. Hier gibt es Begriffe, de facto Vorwürfe an Israel, die meist aus dem postkolonialen Diskurs kommen und die in Deutschland sehr umstritten sind. Teilweise werden sie als antisemitisch betrachtet oder stehen unter Antisemitismus-Verdacht – etwa der Vorwurf des Völkermordes im Gaza-Streifen. Man könnte den Vorwurf so interpretieren, dass er Israels Politik gleichsetzt mit dem Genozid der Nationalsozialisten, dem Holocaust; das wäre ein antisemitisches Motiv. Es gibt aber auch Wissenschaftler*innen, die bestreiten, dass es hier um eine Gleichsetzung geht. All das ist weiter zu diskutieren, derzeit gilt: Benutzt jemand, der mit der Kulturinstitution verbunden ist oder für diese spricht, den Begriff in diesem Zusammenhang, wird das mit hoher Wahrscheinlichkeit den öffentlichen Vorwurf des Antisemitismus nach sich ziehen.

Ganz rechts im äußersten Bereich des Spektrums stehen die Begriffe, die entweder eindeutig antisemitische Motive enthalten oder in denen der Vernichtungswunsch gegenüber Israel deutlich spürbar ist. Außerdem finden sich hier Parolen wie »From the river to the sea«, die in Deutschland justiziabel sind. Dieser Bereich ist also wirklich eine Gefahrenzone für den Diskurs, mit teilweise juristischen Konsequenzen (das Verbrennen einer Flagge ist in Deutschland verboten; das gilt allerdings für jede Flagge jeder Nation).

Jede Kulturinstitution sollte für sich definieren, wo der Bereich akzeptabler Meinungen endet – erst ganz rechts im roten Bereich oder schon vorher, wo es um Völkermord und Apartheid geht? Entscheidet sie sich für Ersteres, muss überlegt werden, wie man der absehbaren Kritik begegnet und wie man die Debatte führt. Es geht bei der eigenen Haltung nicht darum, ob die Institution tatsächlich genau diese jeweilige Meinung vertritt, sondern nur darum, ob sie sie für diskutierbar hält, also eigentlich um die Definition der vielbeschworenen Diskursräume.

Rechtspopulismus

Linke Identitätspolitik zielt auf Gerechtigkeit: (Ehemals) unterdrückte oder marginalisierte Gruppen sollen nicht nur symbolisch, sondern auch real an der Macht beteiligt werden. Als Arbeitsbegriff dafür hat sich in den letzten Jahren »Diversität« etabliert; Institutionen, auch die der Kultur, bemühen sich um Öffnung und verbesserte Teilhabe, wie genügend oder ungenügend auch immer.

Rechte Identitätspolitik beruht auf der Abwehr dieser Entwicklung. Anstatt die Pluralisierung der Gesellschaft sukzessive in reale Teilhabe zu übertragen, soll eine Re-Privilegierung stattfinden: Der »deutschen Identität« soll wieder eine Sonderstellung eingeräumt werden, was bedeutet: Der ethnisch deutsche Mensch beziehungsweise Mann (auch dieser Geschlechteraspekt gehört zum Konstrukt) wird als eigentlicher Kernbestand des »Volkes« (im Gegensatz zur pluralisierten Bevölkerung) aufgefasst.

Der Politikwissenschaftler Jan-Werner Müller hat die Grundfigur populistischen Denkens 2016 in seinem Essay »Was ist Populismus?« herausgearbeitet: »Was ich als den Kernanspruch aller Populisten bezeichnen möchte, lautet stets ungefähr so: ›Wir – und nur wir – repräsentieren das wahre Volk‹.«[3] Diese Idee des »wahren Volks« kann von links her (unterprivilegierte Klassen) oder von rechts her (völkisch) interpretiert werden. Sobald das Ideologem einmal etabliert ist, wird es gegen die angeblich feindlichen Eliten in Stellung gebracht, die verhindern, dass dieses wahre Volk auch wirklich regiert: »Populisten spielen dieses symbolisch konstruierte Volk systematisch gegen die bestehenden Institutionen aus. Ihre Vorstellung eines wahren, moralisch reinen Volkes ist nicht widerlegbar.«[4]

Die 2013 gegründete Partei »Alternative für Deutschland« (AfD) beansprucht die politische Vertretung des Rechtspopulismus in Deutschland. Der Verfassungsschutz behandelt sie als rechtsextremistischen Verdachtsfall.[5] Bisher standen ihre kulturpolitischen Forderungen und Programme eher im Hintergrund der politischen Diskussion – das könnte sich ändern, wenn die AfD durch bessere Wahlergebnisse an Einfluss gewinnt.

3 Müller 2016, S. 26.

4 Müller 2016, S. 26.

5 Tagesschau 2024.

Am 16. Januar 2023 reichte die AfD-Fraktion im Bundestag einen Antrag ein mit der Überschrift: »Deutsche Identität verteidigen – Kulturpolitik grundsätzlich neu ausrichten«[6]. Darin setzen sich die Autor*innen mit der gegenwärtigen Kulturpolitik in der Bundesrepublik auseinander. Themen wie Postkolonialismus, Diversität und Geschlechtergerechtigkeit sind aus ihrer Sicht Produkte einer »Ideologisierung«, die unter Claudia Roth, seit 2021 Staatsministerin für Kultur und Medien, noch schlimmer geworden sei. Man muss jetzt nicht auf die teilweise haarsträubenden Begründungen eingehen, warum der AfD alles, was Diskriminierung entgegenwirken soll, als linke Propaganda gilt. Vielleicht ein Wort zum Vorwurf der Ideologisierung: Im Antrag ist von der »deutschen kulturellen Identität im traditionellen Sinn« die Rede, oder von »landesspezifischen Gepflogenheiten und Werten« wie »Ehrlichkeit, Verlässlichkeit oder Fleiß«[7]. Es soll da irgendwo ein wahres Deutschland geben, in dem es kein Gendern und keine Diversität mehr gibt, weil sich alles von selbst aus dem Deutschsein heraus erklärt.

Hinter diesen Andeutungen steckt eine rabiate Ideologie. Man kann sie nationalistisch nennen, womöglich ist sie auch völkisch gemeint. Nirgendwo im Grundgesetz steht etwas vom Vorrang deutscher Identität, stattdessen wird gleich zu Beginn in Artikel 3 der Schutz von Minderheiten festgeschrieben: »Niemand darf wegen seines Geschlechtes, seiner Abstammung, seiner Rasse, seiner Sprache, seiner Heimat und Herkunft, seines Glaubens, seiner religiösen oder politischen Anschauungen benachteiligt oder bevorzugt werden. Niemand darf wegen seiner Behinderung benachteiligt werden.«[8]

Der Antrag der AfD-Fraktion schließt mit zehn konkreten Forderungen. Wir greifen hier drei beispielhaft heraus:

- Sämtliche postkolonialen Projekte sollen umgehend eingestellt werden; als Vorwand wird hier möglicher Antisemitismus genannt.
- Alle Förderlinien zu Geschlechtergerechtigkeit, Chancengleichheit, Diversität und ökologischer Transformation sollen eingestellt werden; die AfD setzt diese Begriffe in Anführungszeichen.
- Die Restitution von kolonialem Raubgut soll gestoppt und in Zukunft auf wenige symbolische Fälle beschränkt werden.

6 Weidel et al. 2023.

7 Weidel et al. 2023.

8 Grundgesetz 1949.

Die AfD wird nicht zögern, diese Forderungen umzusetzen, sobald sie die Möglichkeit dazu hat. Sie wird Museen, Theater und andere Kulturhäuser erst politisch unter Druck bringen und dann ihr nationalistisches bis völkisches Programm verwirklichen. Begleitet wird das alles von einer wilden Mixtur rechter Ideologiesplitter, die online und offline auf die Häuser niederregnen.

Verschiedene Formen der Diskriminierung

In den letzten zehn Jahren ist das allgemeine Bewusstsein für verschiedene Formen von Diskriminierung stark gestiegen. Durch identitätspolitische Begriffsarbeit, aber auch durch institutionalisierte Aufklärung etwa von Antidiskriminierungsstellen haben mehr Menschen als je zuvor eine Sensibilität entwickelt für Muster und Mechanismen der Ausgrenzung und der Abwertung. Rassismus, Antisemitismus, Antiziganismus, Sexismus, Homo- und Transfeindlichkeit, Ableismus, Altersdiskriminierung, Klassismus, Feindschaft gegen Geflüchtete und gegen Obdachlose sind die am häufigsten benannten Formen von Diskriminierung.

Jede davon kann theoretisch für eine Kulturinstitution zum Krisenthema werden – und zwar immer aus zwei entgegengesetzten Richtungen. Einerseits kann es passieren, dass Angehörige der diskriminierten Gruppen sich im künstlerischen oder diskursiven Programm eines Hauses falsch dargestellt oder abgewertet fühlen. Dann kommt es zu Debatten um den identitätspolitischen Gehalt von Kunstwerken oder Aufführungen, in der Regel in Social Media. Hier gilt es, ansprechbar zu sein und sich für die Anliegen offen zu zeigen.

Andererseits mobilisieren Vertreter*innen des Rechtspopulismus ihre Anhängerschaft gerade dann gegen Kulturinstitutionen, wenn diese versuchen, Unterdrückung zu thematisieren oder diskriminierungsfreie Räume zu schaffen. So geschehen im Spätsommer 2023 in Dortmund: In der Ausstellungswerkstatt »Das ist kolonial«, die sich mit Spuren des Kolonialismus in Westfalen beschäftigte, war für vier Stunden in der Woche auf freiwilliger Basis ein Safe Space eingerichtet worden. Schwarze, Indigene und People of Color (englisch BIPoC) sollten die Möglichkeit haben, sich mit den Themen der Werkstatt innerhalb eines geschützten Rahmens zu beschäftigten. Dieser Safe Space wurde von rechtspopulistischen Akteur*innen als

»Rassismus gegen Weiße«[9] skandalisiert, am Museumstor waren plötzlich rechte Parolen zu lesen. Die Institution geriet also auf verschiedenen Ebenen unter Druck. Die Frage, wie man dem Druck von rechts begegnet, wird in den nächsten Jahren sicher noch an Bedeutung gewinnen.

9 WDR 2023.

4. So ändert die digitale Kommunikation die Diskursregeln in unserer Gesellschaft

Kulturinstitutionen nutzen Social Media hauptsächlich als Marketinginstrument, um ihre Reichweite zu erhöhen, ihre Zielgruppen zu erweitern und ihre aktuellen Programme zu bewerben. Dabei stehen häufig visuelle Formate im Vordergrund. Storytelling mithilfe von Bildern oder Videos soll die Verbindung zum bestehenden Publikum pflegen und Lust auf die Programme machen. Diese digitalen Präsenzen fungieren eher als Schaufenster und nicht als Diskursraum und werden den Anforderungen unserer digitalen Zeit nicht mehr gerecht. Digitalisierung ist nicht mehr nur ein technisches Betriebssystem, sondern auch ein soziales – im Sinne völlig veränderter Regeln für die Sphäre des Gesellschaftlichen.

Die damit verbundenen Phänomene sind die Ursache der Diskurskrise, wie wir sie in diesem Buch verhandeln. Die Gesellschaft scheint sich auf eine unheimliche Art neu verdrahtet zu haben. Mehrheiten bröckeln, Konventionen gelten plötzlich nicht mehr und lokale Handlungen werden zu globalen Skandalen. Um diese neue Gesellschaft besser verstehen zu können und von ihren Entwicklungen und Regeln nicht überrascht zu werden, lohnt sich ein kleiner Exkurs in die Funktionsweisen des Digitalen. Wenn man verstanden hat, wie sich die digitale Welt konstituiert, erschließen sich daraus die neuen Regeln für die veränderte haptische Welt.

Zur Eigenlogik digitaler Angebote gehört, dass Menschen sie niemals nur nutzen, sondern sie immer zugleich auch verändern. Grundlegend definieren wir Digitalisierung als Umwandlung von analogen Informationen in digitale Daten. Diese können dann weiterverarbeitet und miteinander vernetzt werden. Die analogen Informationen können sehr nachvollziehbaren Messungen entspringen – etwa solche der Lufttemperatur oder der Lautstärke in einem Fußballstadion. Wir können aber mit etwas komplizierteren Methoden auch die Interessen oder sogar Bedürfnisse von Menschen – Nutzenden – analysieren. Dies geschieht über Schnittstellen, die inzwischen in jedem Bereich unseres Alltags etabliert sind. Es gibt unterschiedliche Typen von Schnittstellen. Im Hinblick auf die Bildung der eigenen Identität und der Formung einer kulturellen Gemeinschaft konzentrieren wir uns hier aber auf die zwei wichtigsten Varianten: Sensoren und physische Schnittstellen.

Sensoren sind beispielsweise Kameras, Mikrofone, Bewegungsmelder, Uhren, die den Herzschlag oder die Körpertemperatur messen, oder auch Gesichtsscanner und Fingerabdrucktasten.

Physische Schnittstellen sind Tastaturen, Touchscreens, Mäuse oder auch Regler und Schalter. In unserem Alltag öffnen wir unser Mobiltelefon mit dem Fingerabdruck, klicken einen Artikel an oder suchen mit der Stimmeingabe oder einem getippten Text etwas im Netz. All diese Interaktionen produzieren Daten, also eindeutige Werte. Nun ist einsehbar, auf welchen Link wir geklickt haben, wie unser Puls am Morgen war oder wie viele Menschen eine bestimmte Ampel überquert haben.

Schnittstellen des analogen Selbst zum digitalen Netzwerk

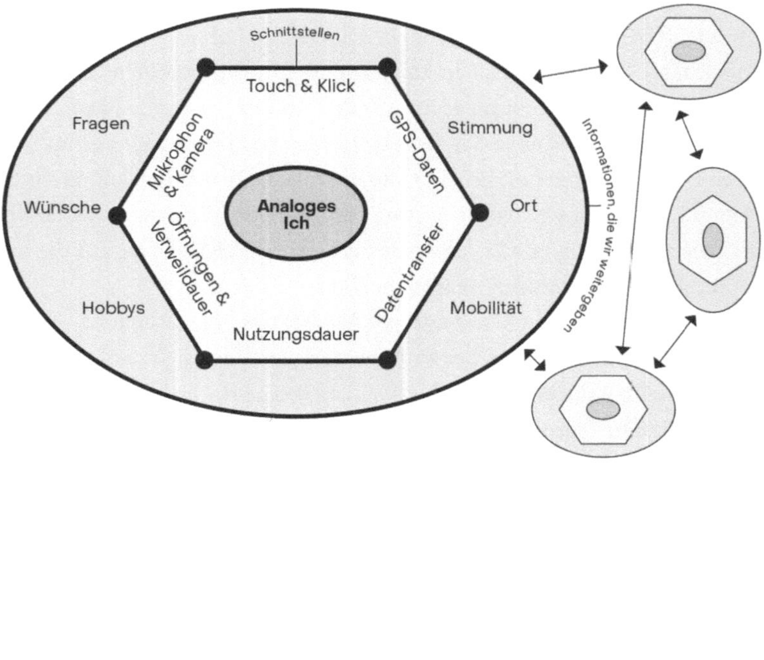

Egal über welche Schnittstelle er gewonnen wurde – ein Datensatz allein ist relativ wertlos. Er muss erst bewertet und mit anderen Daten verknüpft werden, um eine Bedeutung zu erhalten. Ein gutes Beispiel dafür sind Anfragen in einer Suchmaschine. Eine Suchanfrage, etwa mit dem Namen einer Künstlerin, wäre ein isoliertes Ereignis, das keine weiteren Aussagen zulässt. Wird der Name aber tausendfach im Zusammenhang mit Begriffen wie Alkohol, Mord, Badewanne und einem Hotelnamen eingegeben, findet eine Verknüpfung der Daten statt. So konstituiert sich ein Bedeutungszusammenhang. Menschen schaffen unabhängig voneinander über die Hardwareschnittstellen ihrer Tastaturen eine Art Gerücht – plötzlich steht die Frage im Raum, wie es um Leben und Gesundheit der Künstlerin steht. Dieses Gerücht startet mit Fragen, und je häufiger Menschen in diesem Begriffsfeld etwas suchen, umso mehr verdichten sich die Daten.

Suchmaschinen wie Google erkennen dies und nehmen die am häufigsten auftretenden Anfragen in die Autovervollständigung auf. Diese Funktion war ursprünglich dazu gedacht, die Eingabe bequemer zu machen. Wir Menschen lesen sie aber als Hinweis darauf, was andere suchen und welche Aspekte an diesem Thema gerade interessant gefunden werden. Aus Fragen werden Antworten – und die weiteren Suchen ergänzen diese Setzungen mit weiteren Stichworten. Der Mechanismus funktioniert wie das Kinderspiel »Stille Post«: Ein Mensch startet mit einer Frage, und mit jeder Suche wird das Thema erweitert oder gefestigt. Aus Vermutungen, Gedanken und Annahmen werden vernetzbare eigenständige Informationen geschaffen. Daraus kann sich ein Narrativ entwickeln, das sich ständig weiterentwickelt, unabhängig von seinem Wahrheitsgehalt. Für diesen Effekt benötigt es hunderttausende von Suchanfragen. Diese Ko-Kreation geschieht unbewusst, während jede*r Einzelne nur sein oder ihr eigenes Interesse im Blick hat; welche Auswirkungen die eigene Interaktion hat, interessiert die meisten Nutzenden wenig.

In vielen Fällen ist dieser Effekt folgenlos oder sogar hilfreich, da Menschen nach einfachen und eindeutigen Fakten suchen – etwa nach den Öffnungszeiten eines Schwimmbades, dem Weg von A nach B in einer Stadt oder dem Geburtsjahr eines Schauspielers. In diesen einfachen Fällen verdichten sich die Daten immer weiter und zeigen in den Ergebnissen die wahren und richtigen Angaben. In manchen Fällen hat dieser Effekt aber auch negative Auswirkungen. So können sie bestimmte Phänomene mit auslösen oder anheizen, die zur Diskurskrise gehören.

Nehmen wir als fiktives Beispiel einen Protest gegen Israel im Foyer eines deutschen Museums. Protestierende errichten dort ein Camp, das aber nach ein paar Tagen von der Polizei geräumt wird. Das Museum geht sehr gewissenhaft und transparent vor, es gibt zahlreiche Dialogangebote und Gespräche – trotzdem kommt es am Ende zu einem Tumult, und bei der Räumung werden einige Zuschauende leicht verletzt. Menschen hören davon und suchen nun nach dem Namen des Museums in Kombination mit den Begriffen »Gewalt« und »Antisemitismus«. Durch die Suche finden sie Artikel über das Camp und die Räumung mit allen korrekten Informationen. Die Häufung der Suchanfragen führt aber dazu, dass in der Autovervollständigung von Google in Bezug auf das Museum die Wörter »Antisemitismus« und »Gewalt« auftauchen. Vielleicht suchen die Menschen nach Öffnungszeiten oder anderen Fakten und nehmen diese Stichworte nur am Rande wahr. Trotzdem verbinden sie das Haus jetzt mehr oder weniger bewusst mit diesen Zuschreibungen.

Ähnliche Dinge sind während der Corona-Pandemie passiert. Als das Virus ausbrach, gab es viele Suchanfragen nach dem Ursprung und der Herkunft der Erkrankung. Durch Vorinformationen suchten Nutzende nach Kombinationen wie »China«, »Corona«, »Markt« oder »Labor«. Viele Millionen Anfragen weltweit verstärkten diese Wortkette. Zudem gab es zahlreiche Artikel, die über einen bestimmten Markt in Wuhan berichteten und über ein in der Stadt gelegenes Labor, das die ersten Untersuchungen zum Virus durchführte. So war es nicht mehr weit zu der Ergänzung »im Labor entstanden«, die dann zu entsprechenden Gerüchten geführt oder diese zumindest gestützt hat. Schließlich erwuchs daraus sogar eine komplette Verschwörungstheorie. Um einen nachhaltigen Trend zu schaffen, benötigt es sehr viele Suchanfragen und/oder ein sehr spezifisches Themenfeld.

Corona war ein global virulentes Thema. Bei Kulturinstitutionen genügt manchmal das nationale und manchmal auch das regionale Umfeld, um einen Trend zu generieren. So stehen wir im Sommer 2024 an dem Punkt, an dem uns zum Begriff »Berlin« in Verbindung mit »Universitäten« die Ergänzung »antisemitisch« angeboten wird. Eine Zuweisung, die sich aus einer Ko-Kreation aus Presseberichten, Statements und Suchanfragen ergeben hat und die nicht zwangsläufig eine Wirklichkeit oder gar »die Wahrheit« abbildet.

Wir Menschen sind an Schnittstellen aktiv und tragen damit dazu bei, dass unsere Fragen, Gedanken und Bedürfnisse in Daten übersetzt werden. Sie verwandeln sich in Fragmente von gesellschaftlichen Diskursen, in Gerüchte oder auch einfach in ein Stück Zeitgefühl. Diese Daten werden ergänzt durch Messungen von sensorischen Schnittstellen. Ein solche Schnittstelle tragen die meisten von uns die meiste Zeit mit sich herum: das Mobiltelefon. Wenn wir dort etwas suchen oder ein Museum, eine Hochschule oder ein Theater betreten, ergänzen die sensorischen Daten wie Uhrzeit, Ort oder Datum unsere Texteingaben, die wir selbst bewusst gemacht haben.

Die einzelnen Datensätze haben eine niedrige bis nicht existente Relevanz; sie werden nicht auf individueller Ebene ausgewertet. Aber sie stehen nun für die Vernetzung bereit, und durch diese Kombinationsmöglichkeiten wirken sie mit bei der Meinungsbildung. Der Effekt zeigt sich bei Demonstrationen. Wird zu einem Protestmarsch aufgerufen, erscheinen zunächst die Aufrufe selbst, beispielsweise auf Websites und Social-Media-Kanälen. Dann suchen Menschen danach und nehmen an der Veranstaltung teil. Vor Ort sind die vielen Telefone messbar. Jetzt verstärken sich analoge und digitale Feedbackschleifen.

Die Umwandlung analoger Informationen in rechenbare Datensätze verändert auf diese Weise unsere kommunikativen Räume. In der Folge wandeln sich auch unsere Vorstellungen von Sinnzusammenhängen und der Bewertung von Informationen. Tendenziell wird nun auch das als wahr bewertet, was durch die Aufmerksamkeit vieler als tauglich verifiziert wurde. Auch im Digitalen folgen wir gern der Herde und nehmen die Aufmerksamkeit der anderen als Hinweis darauf wahr, dass es sich um ein relevantes Thema handelt. Auf den Social-Media-Plattformen werden diese Zahlen darum als »Trust Signals« bezeichnet – bewusst eingesetzt und gern genutzt. Nutzende bevorzugen Videos mit vielen Views gegenüber Clips, die kaum angeschaut wurden. Viele Follower*innen sind ein Ausweis von Größe und von Relevanz; hat der Inhalt nur wenige Likes, hält man ihn für unbedeutend. Die Interpretation von Zahlen ist dabei relativ zu sehen in Bezug auf das Thema und die Größe der Community. Zehn Likes in einer sehr kleinen Gemeinschaft können eine größere Wirkung haben als 100.000 in einer großen und undefinierten Gruppe.

In der Diskurskrise kommt diesen Effekten eine große Bedeutung zu. Menschen bilden in der Umwandlung ihrer Erlebnisse, Gedanken, Ängste und Fragen neue digitale Kontexte, die über Sensoren auch ihre geografischen und andere spezifische Informationen mit einbeziehen. Dort bilden sich eigene Erzählungen, die Begriffe verbinden, die in anderen Kontexten nicht entschlüsselt werden können oder die aus juristischer Sicht oder im Kontext gesellschaftlicher Normen nicht verbunden werden dürften. Die oben beschriebenen Zusammenstöße von Sichtweisen aus dem Globalen Süden und der offiziellen deutschen Haltung zu Israel sind zum Teil auch unter diesem Aspekt besser zu verstehen.

In Bezug auf das Digitale und die Diskurskrise sprechen wir also von sich ständig neu generierenden Kommunikationsräumen, die von allen Nutzenden in einer Ko-Kreation geschaffen werden. In diesen Räumen gilt als wahr und richtig, was dauerhaft von vielen bestätigt wird und was zu den Bedürfnissen und Fragen der Nutzenden passt. Dabei treffen Menschen aus unterschiedlichen Kontexten aufeinander. Das kann zu Konflikten, Missverständnissen und Feindschaften führen.

Die fünf Prinzipien des digitalen Diskurses

Digitale Kommunikation unterscheidet sich grundsätzlich von analoger. In den jeweiligen Räumen herrschen verschiedene Dynamiken und Energien. Diese Unterschiede beeinflussen die Art und Weise, wie Menschen miteinander interagieren, Informationen austauschen und Gruppen bilden. Digitale und analoge Räume haben ihre eigenen Vorteile, die wir Menschen gut einschätzen und gezielt nutzen können. Während die haptische Welt für intensive und persönliche Begegnungen sowie vertrauliche Gespräche ideal ist, bietet der digitale Raum Möglichkeiten, sich gleichberechtigt zu vernetzen. Die Messbarkeit und Feedback-Getriebenheit ermöglichen zudem eine präzisere Analyse des Diskurses. In der digitalen Kommunikation sind fünf Prinzipien zentral: Vernetzung, Offenheit, Gleichberechtigung, Messbarkeit und Feedback-Getriebenheit. Diese bestimmen die Diskurshierarchie, die Zusammensetzung der Communitys, die Rollen der Sprechenden sowie die Stimmung und Intensität des Austauschs.

1. Vernetzung

Der berühmteste Satz des kanadischen Medientheoretikers Marshall McLuhan »Das Medium ist die Botschaft«[1] ist inzwischen schon sprichwörtlich geworden. Folgen wir diesem Gedanken und analysieren die Botschaft des Internets von seiner technischen Einrichtung her, zeigt sich ein klares Bild: Das Internet ist ein Netzwerk, genauer eine Verbindung von vielen Servern, auf denen Datenpakete empfangen, gespeichert und verschickt werden. Es gibt kein Oben und kein Unten, keine Hierarchien. Aber es gibt größere und kleinere Knotenpunkte sowie starke und schwache Verbindungen.

Diese technische Struktur des Netzes lässt sich gut auf den Charakter des Diskurses übertragen. Im Diskursraum Internet ist jeder Einzelne ein Knotenpunkt, der im Prinzip die gleichen Funktionen erfüllt wie der Server in der Technik: Alle User*innen empfangen, speichern und verschicken Nachrichten, deren Bedeutung sie ver- und entschlüsseln. Die Vernetzung kann eine Vielzahl von Kontakten hervorbringen. Die Kommunikation von Menschen, die sich nicht persönlich begegnen, basiert dann auf sprachlichen und visuellen Codes: Zeichen, anhand derer man sich verständigt. Es werden eingängige Botschaften ausgetauscht, aber es kommt auch zu Irritationen, wenn Codes nicht oder nur unvollständig entschlüsselt werden können.

Jeder kann theoretisch mit jedem sprechen, ohne dass es eine Steuerung, eine Bewertung oder eine Übersetzungshilfe geben muss. Wenn es Bedingungen für die Kommunikation gibt, dann sind sie technischer Natur: Vorgaben, Restriktionen und Modi einer Plattform formen die Kommunikation, die aber im Prinzip multioptional ist. Es finden sich Menschen, die gemeinsame Interessen, Ansichten oder auch Probleme haben. Selbst wenn es unter vielen Millionen User*innen nur zwei oder drei Matches gibt, kann daraus ein Austausch entstehen. Erfolgreiche Kommunikation erzeugt ein Gefühl des gegenseitigen Interesses, der Wichtigkeit, des Anerkanntwerdens oder gar der Solidarität. Diese neuen Gemeinschaften bringen einige neue Diskursgewohnheiten hervor, die auch auf die analoge Welt übertragen werden können:

1. Es werden keine Gatekeeper*innen mehr akzeptiert. In der klassischen Medienwelt waren Journalist*innen und andere gesellschaftliche Ak-

1 McLuhan und Fiore 2011.

teur*innen die Kontrollierenden des Diskurses. Nur Gedanken, Bilder und Fakten, die sie geprüft und zugelassen haben, standen für den Diskurs zur Verfügung. Diese Aufgabe hat massiv an Bedeutung verloren; viele Menschen lehnen sie inzwischen aktiv ab.

2. Die Wahrheit wird quantitativ und in Relationen gemessen. Die vernetzten Punkte und alle Kommunikationsakte können in Zahlenform angezeigt werden: Wer hat mit wem wann wie oft Kontakt gehabt? Wie viele Menschen haben etwas gesehen, kommentiert, gelikt oder geteilt? Sind Reaktionen auf eine Äußerung überwiegend positiv oder negativ? Die Nutzenden können sich beständig miteinander vergleichen und einschätzen, wie die Stimmungslage zu einem Thema ist und wie viele Menschen sich auch für bestimmte Dinge interessieren. Daraus leiten wir nach dem Prinzip »Viele können sich nicht irren« implizit eigene Meinungen und Wahrheiten ab, auch wenn wir offiziell andere Kategorien für wichtiger halten. Die Zahlen erzeugen eine eigene Evidenz, der man sich kaum ganz entziehen kann.
3. Informationen werden ohne ihre ursprünglichen Kontexte ausgeliefert. Ihre Verknüpfung geschieht stattdessen auf der Makroebene, das heißt: an ihrer Oberfläche. Einzeldaten werden verbunden und führen zum Verlust der alten Sinnzusammenhänge und zur Bildung neuer Cluster. Diese neuen Cluster können jede beliebige Größe annehmen. Ob sich eine bestimmte Verknüpfung von Daten allgemein durchsetzt, entscheidet sich nicht durch wissenschaftliche Prüfung, sondern allein durch Nutzung.

2. Offenheit

Digitale Systeme sind vom Prinzip her unendlich offen und nach oben skalierbar. Die Anzahl der Menschen, die an einem Gespräch teilnehmen, kann durchaus von kleinen Einheiten auf Millionen anwachsen. Technisch gesehen sind Gruppen erst einmal offen, Nutzende aus allen Ecken der Welt haben theoretisch einen einfachen Zugang zueinander: Europäer*innen können die Chats von US-Amerikaner*innen verfolgen und sich daran beteiligen, Menschen aus Südamerika können jederzeit auf einfache Weise mit Menschen in Skandinavien kommunizieren. Es gibt natürlich noch immer äußere Bedingungen und kulturelle Hindernisse, aber die Kommunikationsarchitektur ist generell erstmal auf Offenheit angelegt.

Die positive Folge dieser Entwicklung ist, dass die Welt näher zusammenrückt und wir leichter die Möglichkeit haben, andere Lebenswirklichkeiten kennenzulernen. Der Nachteil ist, dass viele Grenzen wegfallen, die uns auf unterschiedliche Art auch Schutz gegeben haben. Beispielsweise ist es schwierig, auf weltweiten Plattformen nationalstaatliche Regelungen durchzusetzen – denken wir an Urheberrechte oder Datenschutzfragen. Zudem sind alle Geschäftsmodelle bedroht, die auf der Eingrenzung des Marktes beruhen. Ein gutes Beispiel aus der Welt der alten Medien ist das terrestrische Modell des Radios. Im Nachkriegsdeutschland beruhte es auf der regionalen Aufteilung von UKW-Frequenzen. Es entstand eine vielfältige Landschaft an Radiosendern, die aber in Teilen sehr ähnliche Musik spielten und Inhalte anboten, da es im Schutzraum des Sendegebiets keine Konkurrenz geben konnte. In dem Moment, wo Radiosender auch digital empfangbar sind, löst sich dieser Zusammenhang auf. Weltweite digitale Stationen und Musikplattformen haben den Markt und seine Bedeutung für die Gesellschaft stark verändert.

Auch für Diskurse hat diese Offenheit Folgen. Die Aufhebung der Grenzen führt dazu, dass Konversationen, die lokal einen klar verständlichen Kontext haben, von Menschen von außerhalb besucht und falsch interpretiert werden können – einfach deswegen, weil ihre Erfahrungswelt eine andere ist. Es kommt dann zu Vermischungen der Welten und Bedeutungen.

3. Gleichberechtigung

In einem Netzwerk gibt es kein Oben und kein Unten. Knotenpunkte können größer oder kleiner sein, es kann starke und schwache Verbindungen geben, aber prinzipiell sind alle Mitglieder des Verbundes gleichberechtigt. Dieses Grundprinzip gilt auch für digitale Netzwerke wie das Internet selbst, aber auch für die Plattformen, die sich auf dieser Grundlage entwickelt haben. Auch wenn Facebook, Instagram oder TikTok über ihre Algorithmen und über installierte Kontrollmechanismen de facto in die Inhalte eingreifen, ist die strukturelle Veränderung gegenüber den alten redaktionellen Medien immer noch eine grundlegende: Alle dürfen sprechen und jede Stimme hat das gleiche Gewicht. Die Startbedingungen, einen erfolgreichen Instagram-Account zu führen, sind bei einem Popstar wie Taylor Swift und einer Schülerin aus der deutschen Provinz technisch gesehen erstmal die gleichen. Diese radikale Veränderung und Öffnung der Öffentlichkeit zu massiven

Veränderungen unserer Gesellschaft geführt. In einem Netzwerk gibt es keine Freigabefunktion, stattdessen gilt der Grad und die Stärke der Verbindung. Anders ausgedrückt: Knotenpunkte, zu denen es viele Verweise gibt, werden als »geprüft« und »wahr« interpretiert.

Praktisch erfahren wir diesen Effekt beispielsweise auf YouTube. Suchen wir die Antwort zu einem Thema und haben die Auswahl zwischen verschiedenen Angeboten, dann orientieren wir uns gern an dem Bekanntheitsgrad des Absenders, an dem Startbild und dem Versprechen der Überschrift – aber auch sehr stark an der Anzahl der Views. Wir gehen davon aus, dass ein Video, das 2000 Mal geschaut wurde, eine schlechtere Qualität hat als ein Video, das 1 Million Mal gesehen wurde. Qualität definieren wir dabei nicht als technische Perfektion, sondern als dienlich und passend für die Menschen, die die gleiche Frage wie wir hatten und sich aus diesem Grund für diesen Content entschieden haben.

4. Messbarkeit

Wie oben beschrieben, geschieht Digitalisierung durch die Umwandlung von analogen Informationen in digital rechenbare Einheiten. Diese sind dann nicht nur verknüpfbar, sondern aus ihnen können auch verschiedene Metriken abgeleitet werden. Unsere Gefühle, Bedürfnisse und Handlungen werden so tendenziell ausschnittweise messbar. Diese Messwerte entfalten eine eigene Wirklichkeit, weil sie uns Schwerpunkte, Häufigkeiten oder auch Lücken in emotionalen Chroniken zeigen, die wir ohne sie nicht bemerkt hätten. Der Berliner Soziologe Steffen Mau beschreibt die Auswirkungen der digitalen Metriken auf jede*n Einzelne*n und die Gesellschaft treffend mit dem Begriff des »metrischen Wir«. Für ihn vermitteln Zahlen »Präzision, Eineindeutigkeit, Vereinfachung, Nachprüfbarkeit und Neutralität«[2]. Zugleich führen sie zu neuen Hierarchien und zur Möglichkeit des ständigen Vergleichs, ohne dass aus den Zahlen selbst eine Wunschgröße oder ein Ziel abgeleitet werden könnte. In der digitalen Öffentlichkeit orientieren wir uns in der Meinungsbildung sehr häufig an Zahlen, ohne dass die Maßstäbe für deren Bewertung wirklich geklärt sind. 10.000 Likes eines Posts zeigen eine gewisse Aufmerksamkeit an, aber was genau lässt sich daraus ableiten? Sind die 100 Kommentare unter einem Artikel der Querschnitt der allgemeinen

2 Mau 2017, S. 24.

Meinung oder sammeln sich dort Aktivist*innen, die diesen Thread als Ort für sich entdeckt haben? So ist fast jeder Aspekt in unserem Leben messbar, uns stehen unüberschaubare Datenmengen zur Verfügung. Zugleich wächst aber die Verunsicherung darüber, was diese eigentlich bedeuten. Im gesellschaftlichen Diskurs spüren wir die Macht der Messbarkeit. Recht bekommt nicht mehr, wer am lautesten brüllt, sondern wer es an die Spitzenplätze in Skalen schafft.

5. Feedback-Getriebenheit

In einem unserer Workshops hat einmal eine Teilnehmerin gefragt: »Was haben die vom Internet eigentlich mit uns vor?« Diese Frage ist spannend, weil sie zeigt, dass viele Menschen vermuten, hinter der Digitalisierung stecke eine Gesamtstrategie. Als gäbe es eine Gruppe, die sich das alles ausgedacht hat und den Verlauf steuert. Manchmal werden an dieser Stelle Symbolfiguren eingesetzt – einzelne Menschen, die für das ganze System stehen, etwa die Gründerfiguren Mark Zuckerberg (Facebook) oder Jeff Bezos (Amazon). Oft ist auch von einer Gruppe die Rede: von den »Tech-Milliardären« aus dem Silicon Valley.

Natürlich ist es richtig, dass manche Unternehmen oder auch einzelne Unternehmer*innen einen großen Einfluss auf die Entwicklung des Digitalen haben. Speziell die Betreiber*innen der großen Plattformen haben dafür gesorgt, dass der Oberfläche des freien Austauschs eine kapitalistische Logik untergeschoben wurde. Die Algorithmen werden gern als nutzerzentriert bezeichnet, dienen aber natürlich in vielen Fällen vor allem den wirtschaftlichen und manchmal auch politischen Interessen der Tech-Firmen. Die Konzerne, und nicht die Nutzenden, stellen die Regeln auf.

Trotzdem: Eine weltweite Gesamtstrategie oder ein Ziel, auf das alle im Internet hinarbeiten, gibt es nicht. Vielmehr erschaffen wir kollektiv als Individuen, kleine Organisationen oder auch als Staaten über Feedbackschleifen und eigene Erzählungen eine neue mediale und damit auch gesellschaftliche Wirklichkeit.

Ein gutes Beispiel dafür ist die zufällige Entstehung von viralen Hits und Erzählformaten. Eine Frau filmt etwa ihren Mann in einer Alltagssituation und fragt ihn aus Spaß, wie häufig er eigentlich an das Römische Reich denkt. Er antwortet: »mehrmals pro Stunde«. Sie ist überrascht über diese hohe Zahl und stellt den Clip online. Viele Frauen schauen ihn an. Sie fragen ihre Männer ebenfalls nach deren Verhältnis zum Römischen Reich und bekommen ähnliche Antworten. Durch eine kollektive Ko-Kreation ist ein digitales Narrativ geboren. Jedes Feedback bewirkt die Vertiefung und Ausarbeitung der Grundidee. Am Ende führte all das zu einer breiten Diskussion über die Unterschiede zwischen den Geschlechtern – inklusive der Frage, was man aus der Geschichte des Römischen Reichs lernen kann.

Wie relevant solche Feedbackschleifen in Einzelfällen für den gesellschaftlichen Diskurs werden können, zeigt die Entwicklung des sogenannten Hashtag-Aktivismus. Das bekannteste Beispiel dafür ist #MeToo: Viele Frauen haben unter diesem Hastag ihre Geschichte geteilt. Das hat nicht nur zu einigen Gerichtsverfahren geführt, sondern auch zu einer Vorstellung davon, wie umfassend und groß das Problem ist. Unsere Perspektive auf die Welt hat sich verändert, weil die einzelnen Geschichten miteinander vernetzt wurden und sich in Feedbackschleifen verstärkt haben.

Das Zusammenwirken von Feedbackschleifen und Vernetzung hat für die Diskurskrise eine große Bedeutung, weil dadurch lose Enden global miteinander verknüpft und neue Zusammenhänge geschaffen werden. Nicht immer sind die Ergebnisse harmlos wie beim Römischen-Reich-Clip oder insgesamt begrüßenswert wie bei #MeToo. Auch ein zufällig oder absichtlich erzeugtes falsches Bild von einer Kulturinstitution kann durch diese Mechanismen global verbreitet werden und eine Übermacht erlangen, die vom einzelnen Haus nicht mehr gehandhabt werden kann.

Zusammenfassend haben die fünf digitalen Prinzipien Vernetzung, Offenheit, Gleichberechtigung, Messbarkeit und Feedback-Getriebenheit erhebliche Auswirkungen auf die Themen und die Stimmungen in der Öffentlichkeit. Über digitale Plattformen entstehen neue Sinnzusammenhänge und Kontexte. Die Gruppe der Gesprächsbeteiligten verändert sich, sie ist global offen, entkontextualisiert und fluide. Die Bewertung von Richtigkeit und Wahrheit liegt beim Kollektiv und nicht mehr bei Gatekeeper*innen; wir befinden uns in einem beständigen Aushandlungsprozess über Sprecherrollen, Themen und Kontexte.

Durch diese Prozesse bilden sich bewusst oder unbewusst viele unterschiedliche fluide Identitäten. Wir befinden uns im Zeitalter des vernetzten digitalen Selbst. Es lebt vom Gefühl, sich autonom definieren und mit anderen verbinden zu können, und es ist zugleich bestimmt von komplexen Interessen und Mechanismen, die es nicht überblicken kann. Seit die Plattformen in den 2010er Jahren das Internet erobert haben, prägt es unser Leben.

5. Schauplatz Identität: Das vernetzte digitale Selbst

Die Identität ist der zentrale kulturelle Bezugspunkt der Gegenwart. In allen politischen Diskussionen ist sie zur zentralen Kategorie geworden; als Triebkraft sind die Fragen nach der eigenen Identität in den meisten Social-Media-Interaktionen jederzeit spürbar. Die westliche Kulturgeschichte ist eine Geschichte der Individualisierung. Das eigene Ich immer raffinierter auszubilden, wurde vom Privileg weniger zum Projekt für alle. Emanzipationsbewegungen setzten die Akzeptanz neuer Lebens- und Sichtweisen auf breiter Basis durch, die Möglichkeiten für den und die Einzelne wuchsen dadurch immer weiter. Dominante, für alle verbindliche Lebensmodelle konnte es ab einem bestimmten Punkt dieses Prozesses nicht mehr geben. Die Ausbildung des eigenen Ich war schon kurz vor der Digitalisierung zur postmodernen Bastelarbeit geworden; nun, in der Digitalisierung, scheinen sich die Möglichkeiten der Identifizierung ins Unendliche zu steigern. Zugleich bringen die technologischen und medialen Strukturen aber einen Verlust der Maßstäbe mit sich. In den strudelartigen Dynamiken, die dadurch verursacht werden, erlebt auch die Kultur eine große Verwirrung.

Identitätsbildung in der analogen Moderne

Seit dem späten 20. Jahrhunderts beschreiben Sozialwissenschaftler*innen den Abschied von der klassischen Industriegesellschaft. Er geht einher mit dem Verlust von Eindeutigkeiten und Selbstverständlichkeiten. Die Mitglieder einer modernen (westlichen) Gesellschaft kannten bis in die 1960er Jahre ihren sozialen Ort noch sehr genau; ihr Leben war durch Bezugsgrößen wie Familie, Schicht, Region, Branche, Wohnort und Religionsgemeinschaft relativ klar (vorher)bestimmt. Das Funktionieren des sozialen Ganzen beruhte auf dem Prinzip der Konformität: Solange man sich in die großen Blöcke einordnen konnte, versprach einem das System im Gegenzug Sicherheit – nicht nur im ökonomischen Sinn, sondern auch im Hinblick auf die eigene Rolle und das Gefühl, einen legitimen Platz im sozialen Gefüge zu haben. Ein deutscher, christlich geprägter leitender Angestellter einer großen Versicherung, der verheiratet war und mit seiner Ehefrau und zwei Kindern in einem Haus am Stadtrand lebte, konnte seine Identität als etwas Ganzes, rundum Akzeptiertes empfinden. Andere Dinge wie Freundschaften, Urlaubsziele, Kleidungsstil ergaben sich daraus fast automatisch.

Die alten Instanzen verloren an Bindekraft, als in den 1950er Jahren das Zeitalter des Pop begann – einer neuen hedonistischen Jugendkultur, die später mit den emanzipatorischen Bewegungen der Studierenden, Frauen, Homosexuellen und anderer zusammenwirkte. Hinzu kam der Bedeutungsverlust der Kirchen durch die fortschreitende Säkularisierung, die Desavouierung alles Militärischen nach dem Zweiten Weltkrieg und die Reformierung der Schule durch neue pädagogische Konzepte. Das zuvor als relativ einheitlich empfundene Set an Lebensmodellen wurde nun schubweise erweitert. Immer stärker setzte sich das Bewusstsein durch, dass die großen Entscheidungen im Leben eigentlich eine sehr individuelle Wahl sein sollten und nicht ein sozialer Automatismus: Die Fragen, ob und wen man heiratet, welchen Beruf man wählt, wo und wie man lebt, wurden zunehmend von gesellschaftlichen Vorgaben befreit. Dem kapitalistischen System kam diese Ausdifferenzierung entgegen, da mit jeder Erweiterung auch neue Nachfrage entstand.

Der Soziologe Ulrich Beck brachte diese Entwicklung im Jahr 1997 auf die Formel vom »eigenen Leben«. Dieses habe sich im Westen zum allgemeinen Ideal entwickelt:

> »Wer heute in Frankreich, Finnland, Polen, der Schweiz, in England, Deutschland, Ungarn, in den USA und Kanada herumreist und fragt, was die Menschen wirklich bewegt, was sie anstreben, wofür sie kämpfen, wo für sie der Spaß aufhört, wenn man es ihnen nehmen will, dann wird er auf Geld, Arbeitsplatz, Liebe, Gott usw. stoßen, aber mehr und mehr auf die Verheißung des eigenen Lebens. Geld meint eigenes Geld, Raum meint eigenen Raum, eben im Sinne elementarer Voraussetzungen, ein eigenes Leben zu führen. Selbst Liebe, Ehe, Elternschaft, die mit dem Verfinstern der Zukunft mehr denn je ersehnt werden, stehen unter dem Vorbehalt, eigene, d.h. zentrifugale Biographien zusammenzubinden und zusammenzuhalten. Mit nur

leichter Übertreibung kann man sagen: Das alltägliche Ringen um das eigene Leben ist zur Kollektiverfahrung der westlichen Welt geworden. In ihm drückt sich die Restgemeinschaft aller aus.«[1]

Er kennzeichnet dieses »eigene Leben« als experimentelles Leben: »Überlieferte Lebensrezepturen und Rollenstereotypen versagen. Zukunft kann nicht aus Herkunft abgeleitet werden. Die Lebensführung wird historisch vorbildlos.«[2]

Dieses Vakuum, ist das hinein die Individuen ihr eigenes Leben experimentell entwerfen, hat Folgen für die Identitätskonstruktion. Wenn Lebensentscheidungen sich nicht mehr automatisch aus einigen Grundtatsachen ergeben, müssen unerwartete, ungewöhnliche, gar widersprüchliche Ereignisse in das eigene Selbstbild integriert werden. Beck nennt das die »Selbstthematisierung der Biographie«[3].

In der Soziologie meint man mit Identität

> »den Zusammenhang, den jene höchst verschiedenen Elemente und disparaten Momente, welche das Leben einer Person ausmachen, bilden können. Dieser stets subjektiv erlebte und gedeutete Zusammenhang bildet eine Einheit oder Gestalt, die mehr und anders ist als die bloße Summe ihrer Teile. Er ist im Übrigen niemals einfach gegeben, sondern muss vom Subjekt aktiv gebildet und vergegenwärtigt werden, etwa durch das Erzählen von Geschichten.«[4]

Die eigene, persönliche Identität ist also nichts Feststehendes, sondern etwas Veränderbares – ein Work in Progress. Diese Arbeit muss jeder Mensch selbst leisten in einer Umgebung, in der Strukturen und Rollenmodelle ständig im Umbruch sind und sich weiter ausdifferenzieren. In ihrem Buch »Ich und die Anderen« von 2018 untersucht die Philosophin Isolde Charim die heutigen gesellschaftlichen Bedingungen persönlicher Identitätsbildung. Ihr zentraler Begriff ist Pluralisierung, also die Errichtung der Mehrzahl, wenn man so will: der Vielheit zur neuen Norm. Charim: »Keiner kann heute seine Kultur noch so leben, als ob es keine andere Kultur daneben gäbe. In

1 Beck und Ziegler 1997, S. 14.

2 Beck und Ziegler 1997, S. 14.

3 Beck und Ziegler 1997, S. 11.

4 Straub 2018.

gemischten Gesellschaften steht jede Kultur neben anderen Kulturen. Das aber heißt: Es gibt keine selbstverständliche Kultur, keine selbstverständliche Zugehörigkeit mehr.«[5]

Das bedeutet: Es gibt den christlich geprägten leitenden Angestellten der Versicherung mit Familie am Stadtrand vielleicht noch. Aber ihm und allen anderen ist bewusst, dass dieser Lebensentwurf in jedem Detail etwas Gewähltes ist. Es hätte auch andere Möglichkeiten gegeben; das jeweilige Setting wird allein durch die wählende Person vertreten und gerechtfertigt. Eine wesentliche Funktion von Kultur sei es, Evidenz zu erzeugen, schreibt Charim – einen unmittelbar einleuchtenden Zugang zur Welt. »Heute muss jede Zugehörigkeit ihre Evidenz gegen andere Evidenzen behaupten. Sie muss neben anderen Evidenzen bestehen.«[6]

Die Pluralisierung bringt also eine Welt hervor, in der kein Lebensmodell mehr dominant ist. Woran orientiert sich dann aber der oder die Einzelne, wenn er wissen möchte, ob seine oder ihre Wahl richtig oder falsch ist? Das Bedürfnis, gesellschaftlich in seiner Wahl bestätigt zu werden, hat nicht nachgelassen – im Gegenteil. Wenn es kein dominantes, durch Konvention gerechtfertigtes Lebensmodell mehr gibt, fühlt sich die eigene Identität umso prekärer an. Sie muss ständig neu bestätigt werden, und diese Bestätigungen ergeben niemals ein Ganzes. Ein Orientierungssystem, das faktische Eindeutigkeit verspricht, hat im Zuge der Digitalisierung an Bedeutung gewonnen: das System der Quantität.

Identitätsbildung im digitalen Zeitalter

In der kulturellen Sphäre hat die Quantifizierung einen schlechten Ruf. Seit Jahrhunderten sehen sich Künstler*innen in Opposition gegen das rational rechnende Bürgertum – die Bourgeoisie. Sie betonen statt der Quantität die Qualität von Dingen und Lebewesen – etwas, das viel schwerer fassbar ist. Möchte man aber heutige Identitätsbildung und die Verwirrung, die damit einhergeht, besser verstehen, führt kein Weg an der Quantifizierung vorbei. Sie begann nicht erst mit der Technologie, die man im engeren Sinne

---

5 Charim 2018, S. 31.

6 Charim 2018, S. 31

als digital bezeichnet, sondern weit vorher, mit den ersten automatisierten Datenerfassungssystemen.

Im Jahr 1890 wurde in den USA zum ersten Mal die Lochkartenmaschine für eine Volkszählung eingesetzt. Entwickelt hatte sie Herman Hollerith, der damit erstmalig eine Möglichkeit zur maschinellen Datenspeicherung schuf. Die Maschine beschleunigte nicht nur die Auszählung, sondern machte sie auch nachprüfbar. Noch viel nachhaltiger wirkt ein anderer Aspekt in unserer Gegenwart nach: Mit dem Einsatz der Lochkartentechnik entstand erstmalig ein maschinell erstelltes, auf Zahlen basierendes Bild einer Bevölkerung. Natürlich gab es davor schon ähnliche Erhebungen, allerdings wurden diese von Menschen durchgeführt, das Verfahren war langsam und fehleranfällig. Mit Holleriths Maschine startete die Phase des Zugangs zu maschinell verarbeiteten Daten. Nun war es möglich, mit standardisierter Technik ein Bild von Ausschnitten der Welt zu gewinnen.

Am Beispiel der Lochkartenmaschine können sich auch Menschen, die nicht Informatik studiert haben, das digitale Prinzip der 0 und 1 vor Augen führen. In eine Papierschlange werden in einer vorab festgelegten Reihenfolge (einem Programm) Löcher gestanzt. Diese markieren einen Wert, beispielsweise eine Person in einer Volkszählung. Dieses Papier wird von der Maschine nach einem vorher festgelegten Muster (wieder einem Programm) abgetastet. Am Ende werden so analoge Angaben über diese Schnittstelle rechenbar. Schon 1890 wurden so die Grundlagen der digitalen Gesellschaft gelegt: Datenabfrage-Programme und Datenspeicherung über eindeutige Werte und Auswertungsalgorithmen.

Die Digitalisierung hatte also weit über ein Jahrhundert Zeit, unsere Vorstellungen von der Welt und uns selbst zu prägen. Am Beginn ging es um große Bild: um die Anzahl der Menschen, die in einem Land wohnen, um ihr Geschlecht, ihr Alter oder ihren Familienstand. Mit der Erfindung der elektronischen Datenverarbeitung, mit immer größer werdenden Speicher- und Rechnerkapazitäten und der Zunahme an Schnittstellen sammelten Menschen immer mehr Daten auf immer raffiniertere Weise. Heute erschließen wir einen Großteil des Wissens über uns selbst, über unsere nächste Umgebung und globale Zusammenhänge über digitale Daten. Die Digitalisierung ist inzwischen eine so unabdingbare Grundlage für unser Denken, dass sie nicht nur eine technologische Infrastruktur oder die Kommunikationsplattformen bezeichnet – auch unsere Gesellschaft basiert längst auf einem sozio-digitalen Betriebssystem.

Das beginnt beim Einzelnen. Unsere Körper sind vermessen; wir wissen, welche Durchschnittswerte ein gesundes Leben anzeigen: Blutdruck, Blutwerte, Größe und Gewicht. Und darüber hinausgehend: Intelligenzquotient, Einkommen, Wohnquadratmeter, Noten, Abschlüsse, Bildungsgrad, Zahl der Kinder und Ehepartner*in. Jeder Bereich unseres Lebens hat über die lange Phase der Vermessung Werte und Messpunkte bekommen. Wir kennen unsere Werte. Und selbst wenn wir uns selbst als nonkonformistisch wahrnehmen und die allgemeine Normierung ablehnen, übt sie doch eine gewisse Macht aus.

Das Gleiche gilt für die Gesellschaft als ganze. Wir kennen die Anzahl ihrer Mitglieder, die Verteilung in Einkommensgruppen, nach Herkunft und Religionszugehörigkeit. Wir haben ein Bild von Deutschland, Europa und dem Rest der Welt, das jeweils auf Messung, Speicherung und Auswertung beruht. Dabei wurden bis in die 2010er Jahre die Grenzwerte und Beurteilungsmaßstäbe größtenteils vom Staat oder von Fachleuten festgelegt und transparent begründet. Forschende in der Medizin untersuchten beispielsweise Todesursachen, deren Häufigkeit und den Zusammenhang mit dem Lebensstil und der Umweltbelastung der Menschen. Daraus wurden Ernährungsratgeber und medizinische Behandlungsstandards abgeleitet.

Knapp 100 Jahre nach der Einführung der Lochkartenmaschine war es wieder ein Technologiesprung, der zu einem Update dieses sozialen Betriebssystems führte: die Erfindung des WWW. Tim Berners-Lee entwickelte 1989 das World Wide Web und damit die Möglichkeit, viele Computer – und damit auch Menschen – miteinander zu vernetzen. Für das sozio-digitale Betriebssystem heißt das, dass es seitdem auf einer veränderten Datenlage arbeitet. Informationen, Statistiken und Narrationen werden nicht mehr nur von einer kleinen Schicht von Expert*innen erhoben, geprüft und bewertet, sondern sie entstehen aus der Schwarmintelligenz heraus. Dieser Paradigmenwechsel hat zu fantastischen neuen Kreationen, Innovationen und Begegnungen geführt, aber auch zu einigen Schwierigkeiten.

Die Vernetzung der Welt markiert die Transformation vom Zeitalter der Standardisierung hin zum Zeitalter der Identität. Wir spüren das seit Jahren, unsere Zeit ist geprägt von kollektiven und individuellen Identitätsfragen und Kämpfen. Das Digitale spielt darin eine große Rolle, auf der einen Seite als Betriebssystem, auf der anderen als Plattform. Über 130 Jahre maschinelle Selbst- und Fremdvermessung haben ihre Spuren hinterlassen.

Das zeigt sehr gut der Fall von zwei knapp 70 Jahre alten Kanadiern. Im Frühjahr 2024 machte ihre Geschichte Schlagzeilen. Sie waren 1955 als Babys in einem Provinzkrankenhaus vertauscht worden. Ein Fehler, der auffiel, als Richard Beauvais einen in den USA und Kanada sehr populären DNA-Test zur Ahnenforschung zu Weihnachten geschenkt bekam. Er war aufgewachsen in der indigenen Minderheit der Cree. Seine Sprache wurde aus der Schule verbannt, er wurde als Kind aus seiner Familie genommen, der Vater starb früh.

Durch den DNA-Test erfuhr er, dass er in Wirklichkeit ukrainische und polnische aschkenasisch-jüdische Vorfahren hatte. Ähnlich schockiert war sein Gegenpart Eddy Ambrose, der als Kind einer ukrainisch geprägten Familie aufwuchs und nichts von seinen indigenen Wurzeln ahnte. Beide müssen nun verarbeiten, dass der Teil ihrer jeweiligen Identität, der scheinbar auf Abstammung basierte, in Wirklichkeit ein soziokulturelles Konstrukt war. Die Datensätze, auf denen sie ihr Selbstverständnis aufgebaut hatten, waren sozusagen die falschen – und natürlich war die soziale Identität auch ohne genetische Übereinstimmung längst die ihre geworden. Richard Beauvais klang in einem Fernsehinterview verbittert: »Wenn du so hart dafür kämpfst, jemand zu sein, und dann auf einmal nicht dieser Jemand bist – das wirft dich zurück.«[7]

Globale und vernetzte DNS-Datenbanken gibt es seit Mitte der 1990er Jahre. Mit ihrer Hilfe bekommen wir ein über Zahlen und Vernetzungen vermitteltes Bild des genetischen Teils unseres Erbes; es ist Teil unseres Identitätsfundaments. Wir sehen unseren eigenen Bauplan, unsere Vorfahren werden wie ein Farbtonmix herauskristallisiert, die Angaben geschehen in Prozenten. So wird die lokale oder regionale Gemeinschaft, die wir unsere Familie nennen, genetisch in die Vergangenheit hinein geöffnet und erweitert. Es gibt Überraschungen – genetische Anteile, an die wir aus unserem Alltagserleben heraus niemals gedacht hätten. Die Herkunft als Kategorie wird so spezifischer und gleichzeitig fluider. Und wir können die Zusammenhänge nicht mehr mit unseren Sinnen erkennen, sondern müssen sie messen und verknüpfen. Konsultieren Menschen diese Datenbanken, müssen sie erkennen, dass es keine »ethnisch reine« Abstammung gibt. Jeder Mensch basiert auf einem Genmix; die eindeutig bestimmbare Herkunft ist eine Illusion.

Digitalisierung hat aber nicht nur unser soziales Betriebssystem verändert, sondern auch neue Plattformen geschaffen. Dort heißen Gemein-

---

7 Geier 2024.

schaften Communitys. Sie sind genauso fest und fluide wie ihre analogen Entsprechungen, und auch diese entstehen über Messungen und Metriken. Diese Plattformen sind die Orte, an denen wir unsere Identitäten verhandeln: global, hyperpersönlich und kollektiv. Sie öffnen neue Diskurse und befreien uns von vielen Bedingungen unserer Umwelt. Sie sind aber auch die Ursache für die Diskurskrise, weil diese digitalen Communitys of Interest nach den digitalen Prinzipien Vernetzung, Offenheit, Gleichberechtigung, Messbarkeit und Feedback-Getriebenheit funktionieren. Unserem sozialen Betriebssystem fehlt dafür noch das Update – das vertiefte Verständnis davon, wie die Metriken unsere Selbstwahrnehmung prägen.

Vom Publikum zur Community

Die vorangegangenen Abschnitte haben sich mit der Bildung der Identität von Individuen beschäftigt. Im digitalen Raum dienen diese beschriebenen Merkmale dazu, Nutzende miteinander zu vernetzen. So entstehen Communitys of Interest, also Gruppen, die ein spezifisches Interesse, eine Frage oder auch ein Schicksal teilen. Der Community-Begriff wird sehr häufig falsch interpretiert. Häufig wird er mit Publikum übersetzt. Man stellt sich vor, dass Communitys eine Art Versammlung digitaler Zuschauer sind.

Was ist der Unterschied zwischen einem Publikum und einer Community? Beide Gruppen nutzen Inhalte, schauen Filme oder lesen Texte. Der Unterschied besteht in der Art und Weise, wie die einzelnen Personen zueinander in Beziehung stehen. In einer Community sind alle Mitglieder vernetzt, während Menschen im Publikum keine notwendige Verbindung zu den anderen haben. Das Publikum steht in einer Sender-Empfänger-Beziehung, die Feedbackmöglichkeiten zulässt, aber diese nicht notwendigerweise braucht. Ein Publikum ist lose organisiert, ohne feste Strukturen oder Hierarchien. Die Interaktion zwischen den Mitgliedern des Publikums geschieht selten und zufällig, wodurch das Gefühl der Zugehörigkeit oder der gemeinsamen Identität kaum entwickelt werden kann. In dieser Konstellation kommt den Kulturinstitutionen die Rolle der Gatekeeper zu. Sie bestimmen, welche Programme und Inhalte gezeigt werden. Das Publikum muss dann im zweiten Schritt für die Nutzung gewonnen werden. Wir kennen diese Mechanismen auch aus der Welt der Kunst und Kultur. Dort begeistern sogenannte Blockbuster-Ausstellungen eine größere Masse, die wir auch in Form von Schlangen vor den Museen sehen und erfassen können.

Eine Community hingegen ist eine Gruppe von Menschen, die aktiv miteinander und mit dem Content-Anbieter interagieren. Diese Interaktionen sind mehrseitig und dynamisch, was zu einer tieferen und persönlicheren Beziehung führt. Mitglieder einer Community tauschen Ideen, Meinungen und Tipps aus und beteiligen sich an Diskussionen und gemeinsamen Aktivitäten. Digitale Communitys haben mit dem klassischen Publikum nur sehr wenig gemein. Der zentrale Unterschied ist, dass sich Communitys nicht über das Angebot bilden, sondern über die Nachfrage. Es handelt sich um eine feste oder lose Gruppe von Nutzenden, die sich auf einer Plattform, in digitalen Räumen und manchmal auch unter Threads zusammenfinden, im Zeichen eines gemeinsamen Bedürfnisses.

Unter einem Bedürfnis verstehen wir einen Bedarf, der bislang nicht erfüllt wurde: eine Spannung zwischen Wunsch und Ziel. Wir wüssten gerne, welche Kinofilme im Gespräch sind – das Bedürfnis, immer die beste Wahl zu treffen. Es können aber auch tiefer verankerte Motive zutage treten, etwa der Wunsch nach Anerkennung oder Wiedergutmachung für erlittenes Unrecht. Wir haben das Bedürfnis, Trauer, Wut oder Begeisterung zu teilen; oder wir möchten uns mit anderen verbinden, um ein politisches Ziel zu erreichen.

Die Selbstwahrnehmung der Mitglieder digitaler Communitys unterscheidet sich fundamental von dem früheren Gefühl, Teil eines Publikums zu sein. Statt in einer amorphen Gruppe darauf zu hoffen, dass die eigenen Wünsche beachtet werden, kann man ihre Erfüllung gezielt betreiben. »Eine Community ist für eine Gruppe von Menschen eine einzigartige Möglichkeit, auf besondere Art und Weise miteinander umzugehen, vielleicht auf eine bessere Art und Weise, als sie es ohne die Existenz der Community-Struktur tun würden.«[8] Digitale Communitys lassen uns über uns und die Welt, in der wir stecken, hinauswachsen und verbinden uns mit Menschen und Meinungen. Diese nennen wir »Community of Interest«.

Diese Interessen können harmlos sein, es geht vielleicht um Angeln oder Schachspielen. Aber sie können auch größere, relevantere Anliegen umfassen wie einen politischen Befreiungskampf. Auch für die Entstehung der Diskurskrise sind die Communitys of Intererst deshalb zentrale Orte. Dort werden die Codes und der Kontext für den Diskurs gesetzt.

8 Pfortmüller et al. 2017, S. 15.

Communitys of Interest

Gemeinschaften bilden

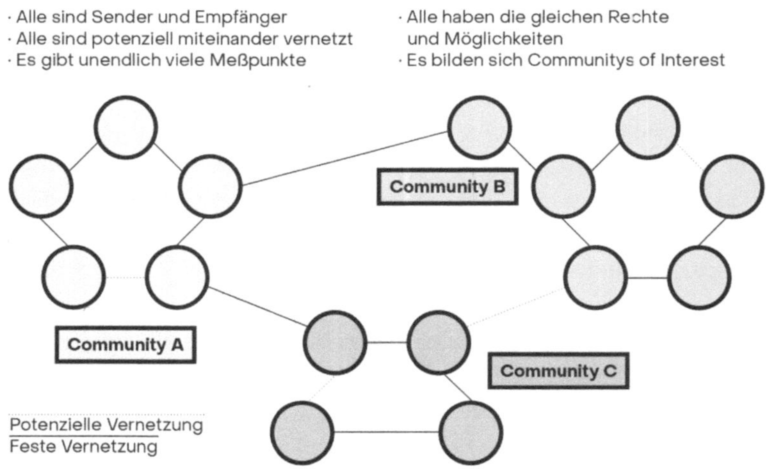

Es gibt eine Reihe von Anknüpfungspunkten oder auch Interessen, die zur Bildung einer Gruppe, einer »Community of Interest« führen können. »Nicht jede Gemeinsamkeit ist gleich gut dazu geeignet die Basis einer Community-Identität zu bilden. Um die Community zusammen zu bringen, muss die Gemeinsamkeit [.] ein Teil der eigenen Identität jeden Mitglieds sein«[9]. Bei den meisten Communitys werden diese Gemeinsamkeiten nicht ausgehandelt oder angebahnt. Stattdessen bringen Algorithmen die Mitglieder auf der Basis von Datensätzen zusammen. Diese Datensätze entstehen wie bereits beschrieben durch die Interaktion selbst, beispielsweise durch Suchanfragen oder Klicks. In diesem Sinn entstehen sie häufig nicht durch Absicht, sondern als Folge eines geäußerten Interesses oder Bedürfnisses – nicht durch ein Angebot, sondern durch Nachfrage.

Communitys lassen sich in verschiedene Bindungszustände unterteilen. Sie bewegen sich in einem Spektrum von geschlossen und exklusiv bis offen und unverbindlich. Warum sprechen wir über Spektren und Zustände? In digitalen Communitys sind nicht nur die Mitglieder vernetzt – jede Gruppe

9 Pfortmüller et al. 2017, S. 12.

selbst ist ein Knotenpunkt im globalen Netzwerk. Das Netzwerk ist in einem beständigen Austausch begriffen; es wird gebildet durch Interaktionen und Feedbackschleifen. In Netzwerken wird »Identität [...] immer in Beziehung zu anderen Identitäten konstruiert – ist also relational.«[10] Digitale Communitys sind so einem ständigen Wandel unterzogen, der durch das Verhältnis der Mitglieder zueinander entsteht.

Communitys entstehen und bestehen durch einen intensiven kommunikativen Prozess. Die Sprecher*innenrollen sind häufig zufällig, werden aber von den Mitgliedern als eine Art »natürliche« Setzung ihrer Interessen und Identität wenig hinterfragt. Typisch für diese Kategorie sind Gemeinschaften durch eine geografische Nähe, die Hautfarbe, religiöse Überzeugungen oder Traditionen. Diese Communitys haben häufig einen sehr langlebigen Charakter. Die Grenzen sind relativ undurchlässig, intuitiv und intransparent. Der Psychologe Dietrich Dörner beschreibt feste Gruppen als ein Konstrukt, in dem Normen und Vorschriften das Verhalten des Einzelnen bestimmen. »Mitglied einer Gruppe zu sein bedeutet, dass man diese Normen anerkennt und hochschätzt.«[11]

Beispielhaft dafür sind politische Communitys wie Parteien oder Gewerkschaften. Sie zeichnen sich im Analogen dadurch aus, dass man dort Mitglied werden muss und dass es eine klare Hierarchie gibt. In der digitalen Welt sind beispielsweise Facebook-Gruppen solcher politischen Bewegungen auch digital den Mitgliedern vorbehalten. Die herrschenden Codes wurden aus dem analogen Leben hierher übertragen.

Gemeinschaften, die sich durch Hobbys, gemeinsame Arbeitsplätze oder Schicksale wie Krankheiten, soziale Schwierigkeiten oder Unglücke bilden, sind im Vergleich dazu deutlich offener. Die Mitglieder empfinden den Eintritt auch als deutlich bewusster und können sich häufig an den Beginn ihrer Teilhabe erinnern.

Im Digitalen finden sich die Communitys auf Plattformen wie Websites, Blogs oder Foren oder in sozialen Netzwerken, unter anderem in YouTube, TikTok oder Instagram. Die Gruppen können offen oder dark social sein. Als offen definieren wir beispielsweise einen Kanal auf Instagram, der für alle Nutzer*innen zugänglich, suchbar und folgbar ist. Dark social sind Kanäle, zu denen Mitglieder eingeladen und zugelassen werden müssen, beispiels-

10 Fuhse 2006, S. 257.W

11 Dörner 2012, S. 277.

weise Facebook-, Telegram- oder WhatsApp-Gruppen oder Newsletter-Listen oder Websites mit einer Mitgliederwall.

Die Entstehung gemeinsamer Codes

In digitalen Communitys entstehen sprachliche Codes durch eine Kombination aus sozialen, kulturellen und technischen Faktoren. Die Entwicklung dieser Codes ist ein dynamischer Prozess, der kontinuierlich durch die Interaktionen und Innovationen der Community-Mitglieder geprägt wird. Interessierte finden zu digitalen Communitys, weil sie aufgrund eines Interesses oder eines Problems Austausch suchen (Pull). Oder andersherum: weil sie mit für sie passenden Inhalten interagieren und die Algorithmen ihnen dann mehr Informationen zu diesem Thema anbieten (Push). Den Nutzenden ist dieser Prozess in beiden Fällen kaum oder gar nicht bewusst. Der »Beitritt« kann auf verschiedenen Arten geschehen: durch Konsum, Interaktion oder sichtbare Beteiligung am Diskurs. Stärker verpflichtende Handlungen sind die Erstellung von Content und das Eingehen einer Mitgliedschaft.

Wer in eine Community hineinkommt, eignet sich die dort gebräuchlichen Codes an. Er benutzt bestimmte Ausdrücke, erwähnt ein Thema und schweigt über ein anderes, bezieht sich auf bestimmte Ereignisse, die den anderen bekannt sind. Je spezieller die Bedürfnisse der Mitglieder erfüllt werden, desto unverständlicher wird dieser Code für Außenstehende. Sehr spezialisierte Communitys wechseln meist irgendwann in geschlossene Foren oder Messenger-Gruppen. Dort entwickeln sie eine eigene Diskussionskultur und eigene Regeln für den Umgang miteinander. In Feedbackschleifen wiederholen sich die immer gleichen Aussagen, es gelangen wenige neue Gedanken und Ideen in die Gruppe. »Auf ihrer Grundlage entwickeln Gruppen symbolische Repertoires und eigene Weltsichten. Dabei bedeutet Konstruktion von Identität immer Abgrenzung von anderen Identitäten.«[12]

Für Unbeteiligte ist der semantische und ikonografische Code dieser Gemeinschaft irgendwann kaum noch entschlüsselbar. Ein gutes Beispiel dafür sind Hobby-Communitys. Nehmen wir an, dort treffen sich Menschen, die in einem bestimmten Gewässer dauerhaft fischen. Der Austausch bezieht sich auf ein eng eingegrenztes Gebiet. Es bedarf vieler spezieller Kenntnisse und es werden Codes geteilt, die von Nicht-Eingeweihten nicht verstanden werden. »Anglerlatein« wird diese Spezialsprache gern genannt; im übertragenen Sinn gibt es dies aber in vielen Communitys.

In Bezug auf die Diskurskrise beschäftigen wir uns eher mit Communitys, die sich um gesellschaftliche Streitthemen herum bilden. Sie ziehen sich häufig in Messenger-Gruppen zurück, beispielsweise auf Telegram. Während der Corona-Pandemie hatte diese App viel Zulauf: Dort trafen sich Impfskeptiker*innen und Corona-Leugner*innen, weil sie ungestört in den eigenen Codes sprechen konnten. Man bestätigte sich gegenseitig im Misstrauen gegen den Staat und gegen die Schulmedizin. In den Threads wurden entsprechende Studien zitiert; es entstand ein starkes Bezugsfeld von Leuten, die von der »offiziellen Meinung« abwichen. Zu großen Spannungen kommt es erst, wenn sich diese digitalen Räume der übrigen Welt wieder öffnen – etwa durch Demonstrationen oder die sogenannten Montagsspaziergänge. Dann stoßen die verschiedenen Bezugsrahmen, Codes und Kontexte ungeschützt aufeinander, und die Diskurskrise ist da.

Zu großen Spannungen kommt es auch, wenn Menschen aus verschiedenen Gemeinschaften im öffentlichen digitalen Raum aufeinandertreffen. Beispielsweise in den Kommentarspalten großer Zeitungen oder in den Accounts der Parteien in Social Media. Durch die Offenheit der Plattforen ist

12 Fuhse 2006, S. 259.

es kaum abschätzbar, wer sich alles in diesen Räumen aufhält. Teilungen, Kommentare oder auch Suchen bringen Menschen zusammen, die die sozialen Kontexte der anderen nicht erfahren können und deren Codes nicht kennen. Wir nennen das Phänomen digitaler Clash of Context (siehe Kapitel 1). Die Vielzahl an Zugehörigkeiten vermischt sich nun mit den Erwartungen der Kanalbetreibenden, die ihrerseits eigene Codes entwickelt und etabliert haben.

Medienmachende und Parteien beziehen ihre Erwartungen häufig auf die Aushandlungsprozesse, die sie in den vergangenen Jahrzehnten in ihrer Öffentlichkeit geleistet haben. In dieser analogen Welt gab es allerdings nur sehr eingeschränkte Möglichkeiten für Feedbackschleifen und Beteiligung. So kam es zu einem unterkomplexen Bild einer angenommenen Öffentlichkeit. Es hatte so lange Bestand, bis digitale Techniken allen Menschen Zugang zu öffentlichen Plattformen verschafften. Jeff Jarvis hat diese Entwicklung schon vor über einem Jahrzehnt treffend diagnostiziert:

> »Wir bestehen aus vielen Öffentlichkeiten, und jetzt kann man unsere zahlreichen, unterschiedlichen Stimmen hören – weitaus besser, als sie in den Salons oder mithilfe der Druckerpresse jemals zu hören waren. Eine einzige Kakophonie. So ist das nun mal mit der Freiheit. Sie ist unkontrolliert.«[13]

Alle Mitglieder haben die Möglichkeit, sich zu zeigen und ihre Stimme zu erheben – natürlich immer bedingt durch diverse Faktoren wie ökonomische Bedingungen und technologische Strukturen. Es entsteht das Bild eines vielfältigen Mosaiks. Es ist auch kein Zufall, dass der gesellschaftliche Diskurs um mehr Diversität mit der fortschreitenden Digitalisierung zusammenfällt. Im digitalen Raum werde ich als hyperpersonalisiertes Ich gesehen und finde Gemeinschaft und Bestätigung – oder Ablehnung und Unverständnis.

Identität im Spiegel der Algorithmen

Als die Plattform TikTok in den USA populär wurde, wurde berichtet, dass dies zu einer Coming-out-Welle geführt habe. Frauen, die sich bis dahin als eindeutig heterosexuell identifiziert hatten, fanden auf ihrer ForYouPage

13 Jarvis 2012, S. 107.

auf einmal queere Inhalte. Der Algorithmus hatte registriert, dass sie auf solche Inhalte besonders intensiv reagiert hatten. Diese Häufung machte die Nutzer*innen nachdenklich; sie begannen, in sich selbst zu forschen. Die Amerikanerin Jess Joho war eine von ihnen. Sie beschreibt diese Erfahrung auf ihrer Mashable-Seite:

> »Quickly, though, TikTok begins reading your soul like some sort of divine digital oracle, prying open layers of your being never before known to your own conscious mind. The more you use it, the more tailored its content becomes to your deepest specificities, to the point where you get stuff that's so relatable that it can feel like a personal attack (in the best way) or (more dangerously) even a harmful trigger from lifelong traumas.«[14]

Sie schilderte ihrer Familie und ihrem Freund ihre Erlebnisse und bekam von ihnen zu hören, sie seien nicht überrascht und hätten ihr Coming-out schon länger erwartet.

Die chinesische Plattform TikTok hat als erster Anbieter einen Algorithmus etabliert, der sehr genau unsere individuellen Trigger- und Interessenspunkte lesen kann. Die ersten fünf Videos in jeder Session werden uns gezeigt, um herauszufinden, in welcher Stimmung wir gerade sind. Danach bekommen wir Content, der aus den Erfahrungen der vorangegangenen Sitzungen und des jetzigen Moments die beste Mischung bildet. Dabei kommt es nicht, wie bei Instagram oder Facebook, auf unsere sozialen Netzwerke, die Stellung in der Gesellschaft oder unsere Ausbildung an. Es geht allein um das Bedürfnis in diesem Moment.

Der Content ist dabei universell und global übertragbar. In Sekundenschnelle werden durch ein Geräusch, einen Song, eine Textzeile sehr grundlegende Gefühle ausgedrückt, positive wie negative: keine Lust zu arbeiten, Ärger über die Familie, Freude am Haustier. Die Möglichkeiten sind so vielfältig, wie es Nutzende auf der Plattform gibt. Und so bildet sich Video für Video eine Art innerer Diskurs zwischen Plattform, Nutzendem und den Content-Kreatoren. TikTok-Videos sind sehr kurz, meistens zwischen 30 und 50 Sekunden. In einer Stunde des Konsums kommen die Nutzenden so mit sehr vielen Menschen, Ideen und Perspektiven in Kontakt. Mit jeder Minute wird unser Erfahrungshorizont größer und gleichzeitig individueller.

---

14 Joho 2022.

»Und je mehr das Individuum unterschiedlichen Einflüssen aus verschiedenen Gruppen unterworfen ist, desto unabhängiger wird es von jeder einzelnen. Insofern bekommt das Individuum (mit seinen unterschiedlichen Prägungen) ein stärkeres Gewicht gegenüber Gruppen.«[15]

Das Digitale macht uns zu kurzzeitigen Mitgliedern von unendlich vielen Gruppen, deren Identitätsangebote auf unser Selbstbild wirken. Und gleichzeitig spüren wir uns durch die beständige Ab- und Eingrenzungsarbeit besonders gut und entwickeln eine einzigartige hyperpersonalisierte Sicht auf die Welt. »Soziale Medien formatieren unser Innenleben um. Wo Plattform und Individuum nicht mehr voneinander zu trennen sind, wird Social Networking identisch mit dem ›Sozialen‹ selbst.«[16]

Dieses Selbst muss beständig in die bestehende Welt und Vorstellung integriert werden. Es ist fluide, in einem dauernden Wandel begriffen. Es hat Einflussfaktoren, die nicht mehr transparent nachvollzogen werden können und die durch die globale Vernetzung unzählbar vielschichtig sein können. So kommt es zu Widersprüchen und kleinen Brüchen auf allen Ebenen, und es wird immer schwerer, mit der Welt, der Gesellschaft oder der engsten Umgebung einen demokratischen Konsens herzustellen. Und ähnlich geht es uns mit vielen ähnlich komplexen historischen Herausforderungen wie der Klimakrise oder dem Nahostkonflikt.

Viele Metriken, aber keine Maßstäbe

Durch die Digitalisierung eröffnet sich die Komplexität der Welt für uns wieder neu. In den vergangenen 150 bis 200 Jahren haben wir in einer gut sortierten und durch Nationalstaaten und Industrialisierung geprägten Welt gelebt. Nationale Gesetze konnten souverän beschlossen und durchgesetzt werden. Die Lebensrisiken wurden durch ein beständiges Schulsystem, durch Sozialversicherungen und langfristige gemeinsame Planung nicht für, aber doch für große Gruppen verträglich abgefedert. Die Gesellschaft wurde durch Repräsentant*innen gesteuert. Das wurde nicht immer als gerecht oder richtig empfunden, dennoch konnten sich viele Menschen mit diesem Werteangebot in Teilen identifizieren und ihren Frieden damit machen.

15 Fuhse 2006 S. 248.

16 Lovink 2019, S. 9.

Und auch für die Organisationen und politischen Parteien funktionierte dieses Schema gut. Sie konnten ihre Botschaften auf eine Zielgruppe ausrichten, die sich fast intuitiv ergab. Aus dieser Zeit stammt die Vorstellung, dass es eine Art »natürliche« Verbindung zwischen einem Beruf oder Bildungsgrad und der politischen Parteinahme gibt. Sehr holzschnittartig formuliert: Arbeiter*innen wählten die SPD, der Mittelstand und die Unternehmer*innen die CDU/CSU, und die Grünen waren bei den Beamt*innen und Lehrer*innen zu Hause.

Die Wahlergebnisse der vergangenen Jahre zeigen, dass diese Automatismen und Zugehörigkeiten langsam erodieren. Die früher als Volksparteien bezeichneten Parteien wie die SPD oder CDU/CSU haben es inzwischen schwer, über 20 Prozent der Stimmen zu erreichen. Es herrscht eine auffällige Politikverdrossenheit; viele Wählende fühlen sich von den Parteien und Gruppierungen nicht mehr repräsentiert. Häufig wird diese negative Stimmung auf singuläre Probleme zurückgeführt, beispielsweise auf fehlende oder falsche Konzepte zum Umgang mit der Migration oder der Klimakrise. Doch diese Erklärungen sind nicht hinreichend, da sie die Ursache der Unzufriedenheit immer noch in der Spannung zwischen einem politischen Lösungskonzept und den Wünschen von Teilgruppen der Gesellschaft suchen.

In der hyperpersonalisierten digitalen Welt haben sich die Nutzenden in den vergangenen drei Jahrzehnten daran gewöhnt, dass Angebote zu 100 Prozent ihren Wünschen entsprechen. Unter hyperpersonalisiert verstehen wir eine Art digitale Aura, die sich um jede und jeden von uns gebildet hat. Sie besteht aus Streams, Timelines und Suchergebnissen, die zu unseren sehr privaten Bedürfnissen passen. Diese Erfahrung geht weit über eine einzelne Plattform hinaus, sie bezeichnet eher die Gesamtheit der Nutzung. Uns wird durch die fließende Kombination der Kommunikation auf den Social-Media-Plattformen, in Shops oder Messengern suggeriert, dass sich die gesamten Informationen an unseren Bedürfnissen orientieren. Debatten nehmen Nutzende heute nicht mehr aus der Sicht einer Gruppe wahr, sondern beurteilen alle Positionen vom eigenen Point of View (PoV). Die Maßstäbe für diesen PoV entwickeln die Nutzenden aber nicht, wie zu vermuten wäre, aus sich selbst, sondern in einem beständigen Abgleich mit den anderen über offizielle Statistiken, viele Datenknotenpunkte und individuelle digitale Messinstrumente. Diese haben inzwischen alle Lebensbereiche durchdrungen.

Uns stehen Zahlen aus allen erdenklichen Quellen zur Verfügung, um uns als Individuen einzuschätzen. Online-Rechner kalkulieren unsere voraussichtliche Lebenserwartung; wir können auf die Kommastelle genau erfahren, wie wir mit unserem jeweiligen Gehalt im deutschlandweiten Vergleich dastehen. Mit Smartwatches können wir Schritte, Kalorien und andere vitale Körperdaten sammeln und uns so mit Freunden und anonymen Mitgliedern von verschiedenen Online-Communitys vergleichen.

Der Soziologe Steffen Mau beschreibt diese Entwicklung so: »Durch die Nutzung neuer Indikatoren, Daten und numerischer Notationen zur Selbsterkennung, -beschreibung und -bewertung entwickelt sich das soziale Wir nach und nach zu einem metrischen Wir.«[17] Unsere Vorstellungen von der Gesellschaft und auch von uns selbst basieren auf Zahlen. Ihnen kommt in jeder unserer Entscheidungen die zentrale Stellung zu, sie sind unsere Codes: »Die gesellschaftliche Semantik, verstanden als die Art und Weise, wie sich die Gesellschaft selbst beobachtet und beschreibt, bezieht sich zunehmend auf die messbare Seite der Welt und des Lebens.«[18]

Dabei fällt es uns als Gesellschaft und auch als Individuen schwer, den Zahlen eine qualitative Bedeutung zuzuweisen. Zahlen selbst schaffen Hierarchien und Proportionen, die ohne Kontext kaum bewertet werden können.

> »Vergleiche betonen also Differenz statt Gemeinsamkeit und Hierarchie statt Gleichheit. Sie mahnen uns fortwährend, nicht nachzulassen, am Ball zu bleiben, besser zu werden, am besten besser als unsere Konkurrenten. Zwischen der Ausweitung der Vergleichszone und der Intensivierung von Wettbewerb besteht ein enger Zusammenhang.«[19]

Die Herstellung der Gemeinschaft über Vermessung hat noch einen anderen Nebeneffekt. Werte und Normen sind fluide, sie werden beständig neu verhandelt, nichts kann als sicher gelten. »Wenn ein Wert nicht als gegeben, sondern als sozial hergestellt angesehen wird, lautet eine Grundprämisse der Analyse solcher gesellschaftlichen Vorgänge immer: Es hätte auch anders sein können!«[20] So kommt es zu dem Effekt, dass eher der Moment, der

17 Mau 2017, S. 21

18 Mau 2017, S. 22.

19 Mau 2017, S. 44.

20 Mau 2017, S. 13.

Augenblick zählt und der Verzicht mit dem Blick auf ein besseres Morgen nicht lohnt. Eine Art digitales »Carpe Diem«-Gefühl entsteht, in dem sich nachhaltige Entscheidungen oder Opfer für die Zukunft nicht lohnen. »Viele Menschen haben das Gefühl, dass sie sich immer mehr anstrengen müssen, um ihren Status zu verteidigen. [...] Wo wir stehen, wie wir abschneiden, welche Bewertung wir erhalten – all das hat unmittelbare Auswirkungen auf unser Selbstbild.«[21]

Menschen nehmen sich als bedroht und geschwächt wahr; sie wissen viel, können sich aber nicht über die Bedeutung dieses Wissens und die Bewertungsmaßstäbe einigen. Gerade in der Corona-Pandemie ist dieser Effekt der Angst und Verunsicherung deutlich zutage getreten. Niemals in der Geschichte der Menschheit wurden so viele Daten in so kurzer Zeit gesammelt und so erfolgreich ausgewertet. Diese gemeinschaftliche Anstrengung führte zu der Entwicklung von mehreren Impfstoffen und schließlich zum Ende der Pandemie. Gleichzeitig stritten Menschen weltweit über ausreichende oder riskante Grenzwerte, glimpfliche oder alarmierende Todesraten, richtige und falsche Zusammenhänge. Hier zeigt sich, dass die Diskurskrise als Bewertungskrise der Metriken startet; von dort kommen wir in die moralische, gesellschaftliche und politische Wertediskussion.

Ein erster Schritt heraus aus der Krise könnte also darin bestehen, den Diskurs nicht anhand von Zahlen und Grenzwerten zu führen, sondern anhand von qualitativen Kriterien.

21 Mau 2017, S. 57.

6. Krisensituationen

In diesem Buch wird das Wort Krise in zwei Zusammenhängen benutzt: Erstens versuchen wir mit dem übergeordneten Begriff Diskurskrise, den großen sozial-medialen Zusammenhang zu beschreiben, durch den derzeit Konflikte entstehen und befördert werden. Er bezeichnet gewissermaßen die Großwetterlage. Im Alltag von Kulturinstitutionen sprechen wir zweitens konkret dann von einer Krise, wenn ein solcher Konflikt eine Form bekommt und lokal oder medial ausbricht. Fast immer kommt es dabei zu einem Skandal. Um dem vorzubeugen, sollte man ein möglichst genaues Bild davon haben, was auf die Institution zukommen kann. Deshalb kann es sinnvoll sein, sich vorab oder auch mitten im Prozess einmal Gedanken darüber zu machen, wie man die erwartete oder bereits eingetretene Krisensituation klassifizieren und beschreiben kann.

Lokal: Interventionen und Störungen

Kulturinstitutionen sind lokal basiert. In einem Museum oder einem Theater geht es darum, an einem bestimmten Ort zu sein und dort bestimmte Objekte oder Aufführungen zu sehen. In der bürgerlichen Ästhetik ist dieser Ort ein Raum des Spiels, des Uneindeutigen, der Möglichkeiten. Es gab aber auch immer wieder Phasen, in denen sich die Kunst stark politisierte und plötzlich einige von ihr verlangt haben, sich klar zu bestimmten Fragen zu positionieren. Die Studentenrevolte von 1967/68 war im Westen so eine Zeit: Kunst, die ihren gesellschaftlichen Auftrag nicht ernst genug nahm, wurde von marxistischen Gruppen als »dekadent« gebrandmarkt.

Heute ist es vor allem eine bestimmte, identitätspolitisch motivierte Form von linkem Aktivismus, von dem die Forderung ausgeht, dass Kunst politisch nützlich sein müsse. Der Wert der entsprechenden Institutionen wird dann nicht mehr am künstlerischen Wert ihres Programms gemessen, sondern an der Frage, ob sie sich mit Zielen von Aktivist*innen gemein machen und sich für deren Zwecke einspannen lassen. Oft bleibt es nicht bei verbalen Appellen: Die aufs Zeigen ausgerichtete Grundstruktur der Häuser verleitet Aktivist*innen dazu, sich intervenierend oder auch störend in das System einzuklinken, um für ihr Anliegen zu werben.

Nicht jede der hier aufgelisteten Aktionsformen ist besonders brisant; oft gehören sie schon seit langer Zeit zum Repertoire kultureller Politisierung. Für die Häuser problematisch werden sie oft erst im Kontext digitaler Vernetzung: Bilder von Aktionen werden in bestimmten Netzwerken zu Identifikationspunkten und führen zu weiterer Mobilisierung. Oder sie werden in skandalisierender Absicht verbreitet – dann können sie sogar Stoff für einen Shitstorm bieten. Hier eine Aufstellung der drei gängigsten lokalen Aktionsformen:

1. Politische Statements innerhalb von künstlerischen Werken
   - innerhalb von vorproduzierten Werken, die ausgestellt werden
   - Innerhalb von Aufführungen (zum Beispiel Performances), vorher nicht abschätzbar
   - Als Intervention in fremde künstlerische Arbeiten
   - Als anonyme künstlerische Intervention irgendwo im Gebäude oder auf dem Gelände
   - Als digitale Intervention auf der Website oder anderswo

In diesem ganzen Bereich gilt grundsätzlich die Kunstfreiheit. Einzugreifen, indem man Teile eines Werkes oder ein ganzes Werk beschneidet, ist ein heikles Unterfangen und eigentlich nur dann denkbar, wenn es um eindeutig strafbare Inhalte geht. Die Kunstfreiheit wird ja durch andere Grundrechte begrenzt, etwa die Menschenwürde. Aber auch die Grenze ist schwer zu bestimmen; oft gibt es ja Interpretationsspielraum. Selbst verfassungsfeindliche, verbotene Symbole können innerhalb einer künstlerischen Arbeit einen bestimmten Sinn haben, der es dann wieder möglich macht, sie zu zeigen. Wenn im Theater ein Stück über den Nationalsozialismus aufgeführt wird, kommt man fast nicht umhin, Hakenkreuze zu zeigen – zumindest ist das in diesem Rahmen nicht strafbar.

Seit der documenta fifteen wird häufig über künstlerischen Aktivismus gesprochen und über die Frage, ob Manifeste, Slogans und Traktate auch von der Kunstfreiheit geschützt sind. Bis auf weiteres gilt aber, dass Objekte und Inszenierungen, die im Kunstraum stattfinden, erst einmal als künstlerische Arbeiten zu werten sind. Deswegen wird man sie in der Regel auch dann hinnehmen müssen, wenn sie einem nicht gefallen oder man sie als politisch sehr problematisch einordnet.

2. Politische Statements im Haus/Gelände ohne Versammlung
   - Ein Banner/Graffiti/Plakat wird anonym aufgehängt oder angebracht, oder es werden Sticker geklebt oder Flyer ausgelegt.
   - Ein Raum oder ein Bereich wird zugesperrt oder Ähnliches.
   - Es werden anonyme künstlerische Statements aufgestellt, etwa als Skulptur.
   - Es kommt zu Hacks auf der Website oder den Social-Media-Kanälen.

Hier sollten die Verantwortlichen für jeden Fall den rechtlichen Handlungsrahmen kennen und dann nach inhaltlicher Brisanz (verfassungsfeindlich? diskriminierend?) oder auch gegebenenfalls nach Sicherheitskriterien entscheiden. Es zeugt von Souveränität, solche Foren von Aktivismus generell zuzulassen und die Grenze zu setzen bei der Strafbarkeit von Inhalten oder bei Aufrufen zur Gewalt. Allerdings gibt es hier keine allgemeinen Regeln. Es kann auch sinnvoll sein, etwa Plakate zu entfernen, in denen bestimmte Gruppen gezielt angegriffen werden. Jede Institution hat ihr eigenes Biotop, und es ist eine Frage des Fingerspitzengefühls, wo man die Grenzen setzt. Entscheidet sich aber eine Leitung, zum Beispiel Banner oder Plakate aufzuhängen, ist es wichtig, das auch für Social Media zu dokumentieren – einfach, um nicht noch monatelang dafür angegriffen zu werden, man habe etwas zugelassen, das aber schnell entfernt wurde.

3. Politische Statements auf dem Gelände mit Versammlung
   - Eine Gruppe von Protestierenden kapert eine Veranstaltung, etwa die Eröffnung, um ihre Parolen zu skandieren.
   - Eine Gruppe von Protestierenden stört eine Veranstaltung, ohne inhaltlich spezifisch zu werden.
   - Eine Gruppe von Protestierenden führt eine nicht angemeldete Demonstration durch.
   - Eine Gruppe von Protestierenden führt eine angemeldete Demonstration durch, die aus dem Ruder läuft.

- Einstudierte Flashmobs werden aufgeführt.
- Ein Bereich des Hauses wird von einer Gruppe blockiert bzw. besetzt, etwa in einem Sit-in (kurzzeitig) oder einem Protestcamp (längerfristig).

Dieser Bereich ist mit Abstand der heikelste. Eigentlich muss jeder einzelne Fall einmal unter der Prämisse durchgespielt werden, dass wirklich verbotene oder zur Gewalt aufrufende Aussagen fallen. Festzulegen wäre, welche dieser Fälle schon aus rechtlichen Gründen nicht duldbar sind. Bei nicht angemeldeten Demonstrationen kann sich jede Institution schnell auf das Hausrecht berufen und die Protestierenden auffordern, das Haus zu verlassen. Auch die Drohung, im äußersten Fall die Stätte räumen zu lassen, ist ein mögliches Mittel.

Man sollte jedoch bedenken, dass eine sehr rigorose Vorgehensweise auch ihre Nachteile hat. Lässt man zum Beispiel eine Veranstaltung räumen, bestätigt man damit das Bild der Aktivist*innen von einem brutalen, repressiven Staat, der Polizeiknüppel an die Stelle von Gesprächen setzt. In Social Media kann eine Räumung in Echtzeit übertragen werden; das begünstigt die rasche Bildung von Solidaritätsketten. Gerade Hochschulen oder Kunsthäuser, deren Nimbus darin besteht, auch schwierige Themen innerhalb der eigenen Mauern verhandeln zu können, tun sich mit einer kompromisslosen Linie meist keinen Gefallen.

Ganz auf Laissez-faire zu setzen ist allerdings auch nicht immer die beste Lösung. Aktivist*innen-Gruppen sind gründlich geschult in der Kategorie der »strukturellen Gewalt«. Diese geht in deren Denken im Zweifelsfall immer von den Gruppen aus, die als »herrschend« identifiziert werden, also weißen Europäer*innen. Es ist in diesem Setting unwahrscheinlich, dass eine Gesprächssituation im Kontext einer Institution von Aktivist*innen als hinreichend hierarchiefrei anerkannt wird. Viele der aktuellen Gruppen haben deswegen selbst Praktiken entwickelt, Druck auszuüben, um der als allgegenwärtig verstandenen strukturellen Gewalt etwas entgegenzusetzen. Dazu gehören auch Besetzungen, in den Medien als »Protestcamps« bekannt. Aktivistische Gruppen versuchen damit, eine Situation aufzubauen, in der sie Bedingungen stellen können. Die Institution soll gezwungen werden, bestimmte Forderungen zu unterstützen. Je nach ideologischem Verhärtungsgrad können dadurch sehr unangenehme und schwierige Situationen für Direktor*innen, Intendant*innen oder Präsident*innen entstehen.

Der beste Weg, mit solchen lokalen aktivistischen Protestformen umzugehen, besteht aus unserer Sicht in einer Mischung aus Diskurs und Grenzziehung. Idealerweise sollte es innerhalb einer Institution sowohl offizielle Diskursformate als auch informelle Treffen geben, in denen die strittigen Themen debattiert werden, auch wenn das nicht immer ruhig und geordnet abläuft. In dem konkreten Fall, in dem eine aktivistische Gruppe Druck aufbaut, etwa durch Besetzung, sollte man weiterhin Gesprächsangebote machen, auch wenn diese dann oft eher symbolischen Charakter haben. Allerdings ist es gut, sich als Institution nicht auf den Terminus »Verhandlung« einzulassen – dass eine Institution de facto ihren eigenen Bereich verwaltet und damit beherrscht, hat in einem Rechtsstaat gute Gründe und ein solides Fundament.

Protest in der digitalen Öffentlichkeit

Das digitale Pendant zu lokalen Gewaltaktionen und Protesten sind gezielte Kampagnen und der eher chaotische Shitstorm. Während Kampagnen auch von Nutzenden als Strategie erkannt werden können, ist der Shitstorm ein eher zufälliges Phänomen. Die meisten Menschen haben ihn in ihrem Alltag noch nicht erlebt, aber viel darüber in den Nachrichten gelesen oder kennen ihn aus Romanen, Fernsehfilmen oder Serien. Shitstorms gibt es in der Wirklichkeit deutlich seltener, als man aufgrund dieser Medienpräsenz annehmen könnte. Nicht jeder kritische Kommentar unter einem Post bedeutet gleich, dass gerade dunkle Wolken aufziehen.

Shitstorm als chaotischer Rausch

Unter einem »Shitstorm« verstehen wir eine schnelle, überraschende und wirklich massenhafte Welle der Empörung und Kritik, die sich in Posts und Kommentaren in Social Media aufbaut. Das kann auf den eigenen Kanälen der Betroffenen passieren, aber auch in Streams, die ganz unabhängig davon sind. Meist wird ein Shitstorm durch eine oder mehrere kontroverse Aussagen oder Handlungen ausgelöst, die zuerst von kleinen Communitys als unangemessen oder beleidigend identifiziert werden. Dort werden die Aussagen geteilt oder kommentiert; diese kleine Gruppe bildet meistens das

Auge des Orkans. Die Reaktionen sind oft emotional, intensiv und in vielen Fällen beleidigend oder abwertend. Es gibt keinen neutralen Wert oder Messgrad, ab wann ein digitaler Gegenwind zu einem Sturm wird. Auf sehr erfolgreichen Accounts können schnell mehrere tausend Reaktionen in der Stunde auflaufen. Für kleine Anbieter können schon einige hundert Kommentare viel sein. Jeder Shitstorm verläuft anders, prinzipiell gibt es aber sich stark ähnelnde Schritte oder Phasen:

Auslöser

Ein Shitstorm beginnt oft mit einem Ereignis oder einer Äußerung, die als kontrovers oder anstößig empfunden wird. Dies kann beispielsweise ein unbedachter Kommentar, das Liken einer Demonstration oder die Unterschrift unter einem Statement sein. Der Anlass des Shitstorms kann manchmal auch mehrere Jahre zurückliegen. Diesen Fall gab es im Zusammenhang mit dem Gaza-Konflikt relativ häufig. Meist so oder ähnlich: Eine Künstlerin hat vor 15 Jahren an einer Demonstration teilgenommen, und es gibt Bilder von ihr, auf denen auch Plakate mit antisemitischen Parolen zu sehen sind. Sie hat das Bild auf ihrem Account geteilt und von der Demo berichtet. Lange schlummert dieser Content in den Tiefen der Plattform, bis jemand die Künstlerin systematisch prüft oder der Post zufällig durch andere Vernetzungen wieder angezeigt wird.

Initiale Verbreitung

Es gibt zwei mögliche Wege der ersten Verbreitung: Der Post geht entweder viral – oder die Nachrichten über den Post werden zum Mittelpunkt des Sturms. In beiden Fällen beginnt die Verbreitung zuerst innerhalb einer kleinen Gruppe von Nutzenden. Das geschieht häufig durch Teilungen, Likes oder auch durch Kommentare. Als Plattformen eignen sich alle Angebote, von sozialen Netzwerken über Messenger, Blogs oder Nachrichtenwebsites. Oft sind es Einzelpersonen oder kleine Gruppen, die als Erste ihre Empörung äußern und den Vorfall publik machen. Zentral ist dabei, dass es in dieser Gruppe mindestens eine*n Influencer*in zu dem Thema gibt. Irrtümlicherweise beziehen viele Menschen den Begriff Influencer*in nur auf junge YouTuber*innen oder Personen, die für Make-up oder Mode Werbung machen.

Influencer*innen

Allgemein verstehen wir im Digitalen unter diesem Begriff Menschen, die durch ihre Aktivitäten, Meinungen und Werke beispielsweise im kulturellen Bereich, wie Kunst, Literatur, Musik, Theater, Film und anderen kreativen Feldern, eine erhebliche Anzahl von Follower*innen in Social Media und auf anderen Online-Plattformen gesammelt haben. Diese Personen nutzen ihre Reichweite und ihren Einfluss, um Trends zu setzen, Meinungen zu formen und Diskussionen anzustoßen. Sie können sowohl traditionelle Künstler*innen und Kulturschaffende als auch Content Creator sein, die ihre Werke und Gedanken digital verbreiten. Sie zeichnen sich dadurch aus, dass sie eine hohe Expertise in dem Themenfeld haben, sehr authentisch sind, viel Content veröffentlichen und so eine relevante Reichweite in dem Themengebiet und in der Community erreichen. So setzen sie Trends und stoßen Diskussionen an. Sie sind die Menschen, die das Agenda-Setting in der digitalen Öffentlichkeit beherrschen. Typischerweise sind das Autor*innen, Musiker*innen, Künstler*innen oder auch Schauspieler*innen oder andere Intellektuelle.

Virale Verbreitung

Wenn der Auslöser genügend Aufmerksamkeit erregt, wird die Information schnell viral verbreitet. Dies geschieht häufig durch Likes, Shares, Retweets und Kommentare, die die Reichweite der Nachricht exponentiell erhöhen. Influencer*innen beschleunigen oder starten diesen Prozess, indem sie das Thema aufgreifen und ihre Meinung dazu äußern. Die Vitalität eines Posts, Videos, Bildes oder Artikels hängt von verschiedenen Faktoren ab:

- Reichweite der Entdeckergruppe: Welche Reichweite haben die Menschen, die in der ersten Gruppe sind, die sich mit dem Thema befassen? Wir kennen das Phänomen von Corona: Drei Leute, die in einem Raum zusammen sind und einen sehr weiten Abstand haben, stecken sich wahrscheinlich nicht an. Feiert man in einer Skihütte mit 400 Menschen auf engstem Raum, umarmt sich und schunkelt zusammen, um am nächsten Tag in 400 Zügen, Flugzeugen oder Autos nach Hause zu fahren, hat man einen viralen Verbreitungseffekt geschaffen. Das gleiche Prinzip gilt in der digitalen Öffentlichkeit. Die Entdeckergruppe muss gut vernetzt sein und über sehr viele Kontaktpunkte in einer konzentrierten Zeit verfügen; dann beginnt der Shitstorm schnell. Kommen sehr schlecht vernetzte Menschen zusammen, kann das Thema im Sande verlaufen.

- Geschwindigkeit und Engagement-Rate: Die meisten Shitstorms verbreiten sich extrem schnell. Das liegt daran, dass die Algorithmen so programmiert wurden, dass sie stark nachgefragte Inhalte schnell und vermehrt ausliefern. Sie folgen dem menschlichen Grundsatz, dass, wenn viele Menschen zusammenstehen, sicher etwas Spannendes passiert. Eine Art digitaler Herdentrieb. Die ersten 12 bis 36 Stunden sind meistens entscheidend, immer ab dem Punkt gemessen, an dem sich der oder die bedeutendste Influencer*in eingeschaltet hat. In dieser Zeit wird gemessen, wie viele Menschen in welcher Intensität und Geschwindigkeit auf den Inhalt reagieren. Dabei sind Nutzungsdauer, Teilungen und Embeddings besonders wichtig.
- Einfachheit und Verständlichkeit: Vitaler Content ist oft leicht zugänglich und in Sekundenbruchteilen verständlich. Komplexe oder schwer zugängliche Inhalte haben es hingegen schwer. Bei TikTok muss ein Video in den ersten drei Sekunden zeigen, um was es geht. Wenn wir unsere Timelines auf Twitter oder Instagram durchscrollen, geben wir dem Content ebenfalls nur wenige Sekunden.
- Visuelle Attraktivität: Bilder, Videos und gut gestaltete Grafiken werden umso erfolgreicher, je plakativer sie sind, da sie sonst in den Timelines untergehen. Hier treffen sich die Bedürfnisse von Protestierenden vor Ort mit den digitalen Anforderungen. Auch bei lokalen Protestaktionen geht es darum, aufzufallen: durch Farben, große Plakate oder Slogans. Darum sollte vor Ort auch besonders darauf geachtet werden, ob dort Bilder produziert werden können, die ein besonders großes virales Potenzial haben.
- Originalität und Kreativität: Digitale Plattformen arbeiten nach den Regeln der Aufmerksamkeitsökonomie. Inhalte, die einzigartig sind, werden belohnt; sie haben ein leicht höheres Potenzial, viral zu gehen. Originalität zieht Aufmerksamkeit auf sich und motiviert Nutzer zum Teilen.

Es gibt Content-Typen, die sich besonders für Shitstorms eignen. Das sind Memes, kurze Videos auf TikTok, Instagram Reels oder YouTube Shorts,

Hashtag-Kampagnen wie #BlackLivesMatter oder #MeToo sowie Breaking News und Influencer-Posts.

Emotionale Reaktionen

Viraler Content zeichnet sich dadurch aus, dass er bei den User*innen häufig starke emotionale Reaktionen hervorruft. Das ist ein Schlüsselfaktor für die schnelle Verbreitung. Oft handelt es sich um herzerwärmende Inhalte wie Menschen, die nach Jahren wieder zusammenfinden, süße Tiere oder fantastische Kunststücke. Es gibt aber auch eine Reihe von negativ konnotiertem Content, der in der Diskurskrise eine besondere Rolle spielt und den Institutionen im Auge behalten sollten. Dazu gehören:

- Unerwartetes: Bekannte Menschen in unerwarteten Situationen, beispielsweise Politiker*innen, die von Demonstranten angegriffen werden und so ein anderes Bild, außerhalb ihrer Rolle, zeigen. Oder auch besondere Geschichten und überraschende Wendungen. Dazu gehören Geschichten von Menschen, die sich gegen eine Macht engagieren und recht bekommen.
- Wunder: Diese Kategorie gibt es häufig im Umfeld von Krieg oder anderen Katastrophen. Wir verstehen darunter Inhalte, die zeigen, dass es noch Hoffnung gibt: Kinder, die einen Bombenangriff überstehen, oder Menschen, die sich nach Jahren wiederfinden.
- Ungerechtigkeit: Hinweise auf Missstände, Ungerechtigkeiten oder Ungleichheit. Dies sind typischerweise Realvideos von Missständen, Interviews oder auch Zahlenposts.
- Kontroversen: Diese Kategorie ist für die Diskurskrise besonders wichtig. Es werden provozierende Aussagen, steile Thesen oder extreme Positionen geteilt. Das können Bilder oder Videos von Demos sein, aber auch Bilder von Kunstwerken mit solchen Inhalten oder Memes.
- Gefahren und Warnungen: Menschen konsumieren unter anderem viele Medien, um ihre Umgebung auf mögliche Gefahren hin abzutasten. Das bezieht sich auf konkrete Anlässe wie Wetter, Gesundheit oder Jobsicherheit, aber auch auf größere politische Themen.

Viralität lässt sich nicht voraussagen. Gute Diskursmanager*innen haben für diese Art von Content ein gutes Gespür – doch am Ende bleiben die Menschen und ihre Reaktionen unberechenbar.

Massive Beteiligung und Medienaufmerksamkeit

Wenn die richtigen Zutaten zusammengekommen sind, beginnt der eigentliche Shitstorm. Das heißt konkret, dass sich immer mehr Menschen beteiligen und ihre Empörung, Kritik oder ihr Entsetzen äußern. Die meisten User*innen sind sich dabei nicht bewusst, dass sie gerade Teil einer Massenbewegung sind. Sie sehen ihren Nahbereich und konzentrieren sich auf den konkreten Post oder die Plattform, auf der sie sich gerade befinden. Die Diskussion weitet sich oft auf mehrere Plattformen aus, darunter Twitter, Facebook, Instagram, Reddit und Foren. Durch die hohe Beteiligung und das schnelle Wachstum der Diskussion erhält das Thema noch mehr Aufmerksamkeit.

Traditionelle Medien greifen oft auf, was in den sozialen Medien viral geht. Wir nennen das den Lautsprechereffekt. Nachrichtenagenturen, Fernsehsender und Online-Nachrichtenportale berichten über den Vorfall, was die Reichweite und die Intensität des Shitstorms weiter verstärkt. Hier beginnen die digitalen und analogen Feedbackschleifen eine stetige Verstärkung des Shitstorms. Es beginnt eine Cross-Plattform-Verbreitung. Die intensivste Stufe davon ist, wenn sich alle Interessengruppen einschalten, die sich mit dem Thema identifizieren. Dies geschieht zunächst durch Kommentare auf den sozialen Medien und endet mit der Teilnahme an Fernsehtalkshows oder auch Auftritten in Nachrichtensendungen. In manchen Fällen greifen internationale Medien das Thema auf, was zu einer noch breiteren Verbreitung und einem globalen Shitstorm führen kann. Von dem Beginn bis zum Abflauen kann es zwischen drei und zehn Tagen dauern. Dann wenden sich die Medien und User*innen wieder anderen Themen zu.

Reaktionen der Betroffenen

Die betroffene Person oder Organisation wird in der Regel schnell auf den Shitstorm aufmerksam und fühlt sich gezwungen zu reagieren. Diese Reaktionen fallen sehr unterschiedlich aus, bestimmen aber in großen Teilen den weiteren Verlauf des Shitstorms und die langfristige Reputation der Betroffenen oder der einzelnen Kulturorganisation. Diese reagieren häufig so:

- Öffentliche Entschuldigung: Eine der häufigsten Reaktionen ist eine öffentliche Entschuldigung, die über Social Media, Pressemitteilungen oder in Interviews verbreitet wird. Es gibt Fälle, in denen diese Entschuldigung gehört und auch angenommen wurde. Um das zu erreichen, sollte sie authentisch und ernst gemeint sein.
- Erklärungen: Manchmal wird eine Entschuldigung von einer Erklärung begleitet, in der die betroffene Person oder Organisation die Hintergründe des umstrittenen Vorfalls erläutert. So können zusätzliche Informationen gegeben werden. Auch dieses Format hat es in sich, kann doch auch die Erklärung wieder zu weiteren Provokationen führen.
- Rücknahmen: Zurückziehen von Aussagen oder Handlungen: In einigen Fällen ziehen die Betroffenen ihre umstrittenen Aussagen zurück oder ändern die getroffenen Entscheidungen. Dies zeigt, dass sie zugehört haben und in der Lage sind zu handeln. Diese Reaktion führt aber auch häufig zu einer Verschlimmerung der Lage, da sie von den Beobachter*innen als Manöver interpretiert und darum als negativ eingestuft wird.
- Löschen von Inhalten: Wenn bestimmte Posts, Videos oder Bilder den Shitstorm ausgelöst haben, werden diese Inhalte oft entfernt, um die Wogen zu glätten. Diese Maßnahme sollte sehr sorgfältig überdacht werden. Häufig ist es besser, den Post mit einem zusätzlichen Zeitstempel zu versehen und eine Ergänzung oder einen Zusatz hinzuzufügen.

Ist der Shitstorm vorbei, gibt es häufig weitere Maßnahmen zur Schadensbegrenzung, wie interne Untersuchungen, Änderung von Richtlinien oder auch personelle Konsequenzen. Häufig kommt es leider auch vor, dass die Institutionen den Shitstorm verschlimmern. Das entsteht durch:

- Ungeschickte Reaktionen: Eine schlecht durchdachte oder unaufrichtige Reaktion kann den Shitstorm weiter anheizen. Beispielsweise können ungenaue Erklärungen, halbherzige Entschuldigungen oder das Ignorieren der Kritik den Ärger der Öffentlichkeit verstärken.
- Verteidigungsmodus: Wenn die Betroffenen in einen Verteidigungsmodus verfallen und versuchen, die Kritiker*innen anzugreifen oder abzu-

werten, kann dies die Situation verschlimmern und das Vertrauen weiter untergraben.
- Gar nicht reagieren: Rückzug ist ein Instinkt, dem viele Betroffene folgen. Allerdings wird dann das Thema ohne sie verhandelt und diese Stimme fehlt. Viele Beobachter*innen empfinden den Rückzug auch als Eingeständnis eines Fehlers.

Erst wenn wieder Ruhe eingekehrt ist, zeigen sich, wie bei einer Naturkatastrophe, die Schäden und nachhaltigen Auswirkungen. Das sind fast immer Reputationsschäden, manchmal auch finanzielle Verluste, wenn Besucher*innen nicht mehr kommen oder Menschen ihre Arbeitsstelle verlieren. Ein Shitstorm zieht aber immer Vertrauensprobleme nach sich, sowohl vonseiten der Beobachter*innen als auch vonseiten der Menschen, die eine solche Situation durchlebt haben. Es kann ein traumatisches Erlebnis für Einzelpersonen, aber auch für Organisationen sein.

Gezielte politische Kampagnenarbeit

Strategische Kampagnen im Digitalen sind das Gegenteil eines Shitstorms. Der zentrale Unterschied ist, dass Kampagnen geplant werden und es eine Person, eine Gruppe von Personen oder Organisationen gibt, die sie bewusst starten und die ein klar definiertes Ziel damit verfolgen. Typische Ziele sind: Bewusstsein schaffen, Engagement fördern, Wähler*innen mobilisieren oder auch Vorhaben verhindern, Geld sammeln oder Machtstrukturen zerstören. Die Erscheinungsformen gleichen dem Shitstorm, weil sich auch Kampagnen der gleichen Content-Formate bedienen. Der Content muss einfach verständlich sein, er muss Gefühle wecken und teilbar sein, und die Kernbotschaften sollten klar herausgearbeitet sein.

Digitale Kampagnen können organisch und als bezahlte Formen auftreten oder auch als Kombination von beidem. Parteien betreiben beispielsweise eigene Social-Media-Auftritte, die sie organisch mit Inhalten füllen. Dafür nutzen sie strategische Hashtags oder auch populäre Formate wie Memes oder TikTok-Trends. Zusätzlich schalten sie aber auch Werbung, die auf den gleichen Botschaften aufbaut und dann eine zusätzliche Reichweite im Bereich der Interessierten aufbaut.

Der Erfolg dieser Arbeit ist sehr schwer zu planen. Der Versuch, einen schlagkräftigen Hashtag zu erfinden, der dann wirklich genutzt wird und sich viral verbreitet, hatte nur selten Erfolg. Der bekannteste Fall ist die #MeToo-Bewegung. Der Hashtag entstand nicht zufällig, sondern wurde 2006 bewusst von der US-Amerikanerin Tarana Burke auf MySpace verwendet. Die Menschenrechtsaktivistin versuchte ihn zu etablieren, um auf sexuelle Gewalt aufmerksam zu machen. Es dauerte aber 11 Jahre, bis die #MeToo-Bewegung weltweit ihre Kraft entfaltete. Die Influencerin für diesen Effekt war die Schauspielerin Alyssa Milano, die den Hashtag 2017 auf Twitter verwendete. Menschen weltweit kannten sie aus TV-Serien, sie war eine Sympathieträgerin und hatte viele Millionen Follower*innen. So wurde aus einer geplanten Kampagne, die wenig Sichtbarkeit hatte, eine weltumspannende Bewegung.

In Bezug auf die Diskurskrise spielen digitale Kampagnen eine große Rolle. Beispielsweise riefen nach dem 7. Oktober 2023 internationale Künstler*innen unter dem Hashtag #strikegermany zum Boykott Deutschlands und deutscher Kulturinstitutionen auf. Es gab einen im Netz veröffentlichten Aufruf, der von über 1000 Künstler*innen unterschrieben wurde. Es folgten diverse Kontroversen und Absagen. Diese führten zu vielen Artikeln und Medienberichten. Für Festivals und internationale Veranstaltungen war der Boykott eine Bedrohung; es wurde plötzlich sehr schwierig, die vereinbarten Programme anzubieten. Trotzdem entfalteten der Hashtag und die Aktion in der deutschen Öffentlichkeit nicht die gleiche Kraft wie ein großer Shitstorm. Dies liegt daran, dass sich Kampagnen häufig auf komplexe Fragestellungen beziehen und die Communitys, in denen sie geteilt werden, eher klein sind. Wie vorangegangen bereits dargestellt wurde, entstehen die drängenden Themen eher durch die Bedürfnisse der Community-Mitglieder. Den Boykott von Künstler*innen zu unterstützen, gehört in erster Linie nicht dazu.

7. Grundfiguren der Skandalisierung

Eine differenzierte, ausgewogene Argumentation ist normalerweise keine Basis für eine Mobilisierung im Netz. Umso mehr sind es skandalisierende Sprechweisen. Sie haben sich in den letzten Jahren sehr stark verbreitet, auch in der Kultur. Das hat mit der oben beschriebenen Dynamik von Social Media zu tun – je schwerwiegender die Anklage, desto größer die Resonanz: Skandalisierung verschafft Reichweite. Darin wiederum spiegelt sich die generelle Interpretationsunsicherheit im digitalen Raum, wie sie in Kapitel 5 beschrieben ist: Wo die Kontexte einer Debatte unklar sind und komplexe Konglomerate von Zahlen die Relevanz bestimmen, ist das Skandalisieren eine Form der Rede, die moralisch plausibel erscheint. Man kann sie benutzen und damit schnell »punkten«, ohne ein Thema durchdrungen zu haben.

Damit einher geht die extreme Moralisierung des öffentlichen Diskurses. Es reicht den Absender*innen von Kritik oft nicht mehr, bestimmte transparent gemachte, durchaus auch moralische Kategorien anzuwenden und dann den eigenen Kritikpunkt möglichst genau zu benennen. Stattdessen werden die Adressat*innen der Kritik vollständig ins moralische Abseits gestellt: Nichts von dem, was sie sagen oder sagen könnten, wäre geeignet, ihre unermessliche Schuld jemals zu relativieren. Sie haben sich aus Sicht der Skandalisierenden vollständig desavouiert und sollten, so lautet die implizite Botschaft, am besten von der Gemeinschaft ausgeschlossen werden.

Unter »Skandalisieren« verstehen wir also eine besonders scharfe Form der Kritik. Und zwar eine, die tendenziell nicht argumentierend vorgeht. Wer skandalisiert, versucht nicht zu begründen, warum bestimmte Äußerungen oder Handlungen vielleicht problematisch sind. Er oder sie macht sich nicht die Mühe, Für und Wider abzuwägen, auf andere Sichtweisen implizit zu antworten oder eigene Zweifel zu thematisieren. Die Grundform des Skandalisierens ist das Urteil: Bestimmte Personen haben sich etwas zuschulden kommen lassen, das durch nichts zu rechtfertigen ist. Allein mit der Nennung des Vorwurfs in das Urteil bereits gefallen. Jetzt bleibt nur noch, die Strafe festzulegen.

Uns ist es wichtig zu betonen, dass nicht jede Skandalisierung unberechtigt ist. Es gibt Dinge, die skandalös sind, und das sollte entsprechend benannt werden. Wenn etwa bei einer Kunstausstellung eine eindeutig antisemitische Darstellung auftaucht oder wenn sexuelle Übergriffe in einer Institution bekannt werden, sind Formen der Verurteilung fallweise angebracht. Es gibt aber im derzeitigen gesellschaftlichen Klima die Tendenz, auf Beweisversuche und Begründungen komplett zu verzichten und direkt mit den allerschwersten Geschützen in die Debatte einzusteigen.

Die Skandalisierung von Programmen der Kulturinstitutionen kann in redaktionellen oder sozialen Medien beginnen. Viele Zeitungen und Sender haben sich dem harschen Ton auf der Plattform X angepasst und pflegen die verabsolutierende Rhetorik des Urteils. Wir führen hier einige rhetorische Mittel der Skandalisierung auf, um sie besser erkennen und ihnen besser begegnen zu können.

Rhetorik des Maximalen

Ein beliebtes Mittel, etwas zu skandalisieren, ist der Maximalvorwurf: Statt sich zum Beispiel kritisch mit jemandem auseinanderzusetzen, der die Teilnahme einer Partei an einem bestimmten Krieg unter bestimmten Bedingungen befürwortet, nennt man ihn gleich einen Kriegstreiber. Eine Steigerung des Vorwurfs ist jetzt kaum noch denkbar, und die betroffene Person wird Probleme haben, dieses sehr starke Bild wieder zu relativieren.

Damit verwandt ist der Maximalvergleich. Besonders der Nazi-Vergleich ist weit verbreitet und stellt eine Art Eskalationsgarantie und Sackgasse jeder politischen Diskussion dar. Wirft man jemandem vor, eine moderne Version Hitlers darzustellen, »nicht besser als die Nazis« zu sein oder »einen Holocaust« an einer bestimmten Gruppe verüben zu wollen, hat diese Person jede Chance auf Rechtfertigung verwirkt. Der Nationalsozialismus als Urheber eines Zivilisationsbruchs und moralischer Tiefpunkt der Menschheitsgeschichte bietet einen Maßstab für das Böse an, dem zugleich kaum ein reales Ereignis gerecht werden kann.

Wer sich des Nazi-Vergleichs bedient, scheitert immer an der selbstgestellten Aufgabe, die Furchtbarkeit einer bestimmten Politik in Worte zu fassen – eben gerade weil die Verbrechen damals eine singuläre Dimension erreicht haben. Politische Akteur*innen versprechen sich vom Nazi-Vergleich oft die Rechtfertigung eigener drastischer Schritte. Gegen Nazis und Faschist*innen sind auch extreme Mittel gerechtfertigt. Nach dieser Logik werden auch Kriege mit dem Argument vom Zaun gebrochen, man müsse irgendwo den Faschismus besiegen – zuletzt etwa eingesetzt vom russischen Präsidenten Wladimir Putin gegen die Ukraine.

Affekte statt Argumente

»Unerträglich« – »einfach nur ekelhaft« – »macht mich fassungslos«: Solche unmittelbaren Ausdrücke physisch-emotionaler Reaktionen finden sich erstaunlich häufig in schriftlich geführten Auseinandersetzungen – nicht nur auf Social Media. Diese performative Emotionalität hat vor allem zwei Funktionen: Der oder die Sprechende kann damit demonstrieren, dass er oder sie mit einer so großen Selbstverständlichkeit zu den »Guten« gehört, dass er oder sie körperlich auf die Zumutung des Bösen reagiert – wie bei einer Allergie oder der Konfrontation mit etwas ganz und gar Ungenießbarem. Diese Reaktion ersetzt das Argument. Der oder die Kritisierende muss sich nicht die Mühe machen, den Motiven hinter der eigenen Abneigung auf den Grund zu gehen, und daraus eine Argumentation zu entwickeln.

Das scheint aber durchaus beabsichtigt zu sein. Die zweite Funktion dieser Sprechweise ist nämlich die Ausgrenzung des anderen. Er wird als etwas Schädliches markiert, das den guten Menschen (und damit der auch der guten Gemeinschaft) nicht zuträglich ist. So gesehen ist der Ausdruck von Abscheu gegenüber bestimmten Menschen und Äußerungen also eine Form des Othering, auch wenn sie in manchen Fällen durchaus nachvollziehbar erscheint – etwa wenn es um faschistisches Gedankengut geht. Im öffentlichen Diskurs wirkt es auf Dauer toxisch. Ist man selbst von solchen Anwürfen betroffen, kann man den Absender auffordern, sich der Sache zuzuwenden und auf persönliche Markierungen zu verzichten.

Eine andere Form, Emotionen in Auseinandersetzungen einzusetzen, ist der Verweis auf eigene Verwundungen. Ihr begegnet man häufig in identitätspolitischen Debatten. Betroffene von Unterdrückung bringen dann zum Beispiel ihr erlebtes Trauma ins Spiel. Diese Erfahrungen sollte man ernst nehmen und nicht achtlos darüber hinweggehen. Im Zeitalter der Identitätspolitik wird die Sprecher*innenposition immer mit reflektiert, und die gemachten Erfahrungen sind selbstverständlich für die Gespräche relevant. Aber auch hier gibt es manchmal eine Tendenz zur Verabsolutierung, der man entgegenwirken sollte: Ein Trauma etwa erklärt auch nicht in jedem Fall alles, und es ergibt sich daraus auch nicht automatisch ein Deutungsmonopol. Es gibt immer verschiedene legitime Perspektiven auf jedes Thema, und neben dem Ethos des Betroffenseins existiert zum Beispiel auch ein Ethos des Arguments.

Alarm schlagen

Das Alarm-Prinzip funktioniert so: Es gibt ein Szenario, das allgemein als katastrophal gilt, etwa: die Wiederkehr des Faschismus. Auf dieses Szenario bezieht sich der oder die Alarmierende – allerdings im Modus der anekdotischen Evidenz. Eine kleine Äußerung, eine Beobachtung oder ein Detail aus einem öffentlichen Ereignis werden erwähnt, um dann sofort die extremste Schlussfolgerung zu ziehen: Das entsprechende Szenario sei jetzt dabei, einzutreffen.

Nehmen wir an, ein Politiker fordert mehr Sport im Schulunterricht und benutzt in seiner Begründung Wörter wie »Ausdauer« und »Abhärtung«. Beide Begriffe kann man durchaus als Hinweise auf ein Ertüchtigungsideal sehen, das in seiner extremen Ausformung auch ein Teil der faschistischen Ideologie war. Das ist kritikwürdig. Das Alarm-Prinzip beruht aber darauf, alle Zwischenschritte, die von dieser Forderung zur Wiederkehr des Faschismus führen, auszulassen. Es wird suggeriert, der Politiker wolle mit dieser Äußerung das Unheilssystem jetzt sofort wieder einführen – ein Kurzschluss, der dem Alarm rhetorische Kraft verleiht. Typische Formulierungen sind: »Jetzt sind wir wieder so weit«, »mehr muss man über diesen Politiker nicht wissen«, »wer schweigt, stimmt zu«. Indem der Gedanke an »Ausdauer« und »Abhärtung« nicht in seinem Gehalt und in diesem Kontext untersucht und kritisiert, sondern direkt mit einem Maximalfall in Verbindung gebracht wird, spart sich der Absender die Mühe der Argumentation. Eine Folge davon ist die schleichende Entwertung der Katastrophen-Szenarien. Wenn inflationär behauptet wird, jetzt seien wir »wieder so weit«, wird das irgendwann nicht mehr ernst genommen. Das Alarm-Prinzip bringt eine Atmosphäre von Angst in jede Debatte und wirkt durch seine narrative Übersteuerung wie ein Geschmacksverstärker: Man gewöhnt sich an das Gefühl des großen bedeutungsvollen Dramas – nüchternere, differenzierte Betrachtungsweisen erscheinen dagegen dröge und irrelevant.

Zweifel am Verfahren

In der Identitätspolitik ist die Frage nach der Sprecher*innenposition in den Mittelpunkt aller Diskurse gerückt. Es ist also nicht verwunderlich, dass sie in den Debatten immer größeren Raum einnimmt. Oft wird, bevor man inhaltlich über die Themen spricht, erst einmal die Zusammensetzung der diskutierenden Gruppe in Frage gestellt. Das geschieht sowohl bei festen Runden – Chats im digitalen, Podien in analogen Raum – als auch bei den fluiden Communitys in Social Media. Die Einwände gegen die Auswahl, die Konstellation oder einzelne Teilnehmer*innen ist häufig berechtigt und sollte immer offen diskutiert werden. Jede*r wird durch Herkunft und Biografie geprägt, und es gehört zu den Fortschritten in der heutigen Debattenkultur, dass dies auch reflektiert wird. Auch von dieser Prämisse kann allerdings auf skandalisierende Weise Gebrauch gemacht werden – meist durch Verabsolutierung. Eine teilweise falsch besetzte Runde wird dann gleich komplett als illegitim und wertlos hingestellt. Teilweise gibt es die Tendenz, das eigene Übergangen-werden zu skandalisieren, indem den Veranstalter*innen oder Hosts Zensur vorgeworfen wird. Der Begriff Zensur bezieht sich aber ausschließlich auf staatliche Maßnahmen zur Beschneidung der Meinungsfreiheit. In einer demokratischen Gesellschaft kann jeder*r frei bestimmen, mit wem er oder sie in welchem Rahmen debattieren möchte.

TEIL 2
Praxis: Krisen bestehen

Krisen
Framework

VERSTEHEN

Krisendynamik

Um **welchen Krisentypus** handelt es sich, wo findet die Krise statt und welche Bedingungen gelten?

Akteure und eigene Rolle

Wer ist im Diskurs **aktiv und mit welchem Einfluss?** Welche Rolle(n) füllen wir aus und welche Positionen haben wir?

Diskurs und Thema

Was ist der **Grundkonflikt?** Wie sieht das Diskursfeld aus? Welche Thesen und Themen gibt es darin?

HANDBUCH

Ablage und Archiv

Sind alle aktuellen, weiterführenden und (veralteten) **relevanten Informationen** gesammelt abgelegt?

Reflexion und Aktualisierung

Welche Erkenntnisse haben wir aus der Krise gewonnen? Welche Punkte müssen wir in unseren Planungen aktualisieren? **Welche Konsequenzen** leiten wir daraus ab?

VERFEINERN

VORBEREITEN

Haltung und Handlungsmaxime

Welche Positionen halten wir für vertretbar? **Gibt es rote Linien?** Nach welchen Leitlinien handeln wir in der Krise? Welche rechtlichen Grundlagen gibt es zu beachten?

Interne und externe Kommunikation

Wer muss informiert, gebrieft und befähigt werden? Welche internen und externen (digitalen) Kommunikationsmaßnahmen planen wir, um im Krisenfall gut gerüstet zu sein? Wen müssen wir informieren, **wer unterstützt uns?**

Struktur und Workflow

Wer muss wann und wie **im Prozess aktiv werden**, damit wir durch die Krise kommen? Wer ist wofür verantwortlich und wie arbeitet das Krisenteam?

Wo, wie und wie oft dokumentieren wir unsere Pläne, Kontakte und Informationen in einem **Krisenhandbuch?**

Werkzeuge und Kanäle

Diese Tools müssen wir einrichten und Kanäle aufsetzen, dieses Equipment brauchen wir und mit diesen Vorkehrungen sorgen wir **für Sicherheit vor Ort.**

Aktives Diskursmanagement **3,2,1 … los!**

Aktuelle Lage einschätzen, punktuelle Ansprache von Kontakten, Anwendung der vorbereiteten Materialien für Social Medial, redaktionelle Medien und Akteur*innen.

DURCHKOMMEN

1. So funktioniert das Krisen-Framework

Das Krisen-Framework ist eine Methode zur Bewältigung konkreter Krisen im Kulturbetrieb. Es beruht auf der Grundidee, dass eine Organisation, die sich inhaltlich und strukturell gründlich vorbereitet, in einer krisenhaften Situation gut bestehen kann. Die Methode hat vier Phasen: Verstehen, Vorbereiten, Durchkommen und Verfeinern. Je gründlicher Phase 1 und Phase 2 gestaltet werden, desto einfacher ist es, in der akuten Situation richtig zu handeln.

Phase 1: Verstehen

Eine erfolgreiche Krisenkommunikation kann es nur geben, wenn das Haus seine eigene Position in einem bestimmten Themenfeld kennt und sie regulär oder fallweise öffentlich machen kann. Dorthin führt ein Prozess der Selbstklärung, der anstrengend, aber auch sehr bereichernd sein kann. Er sollte nicht an nur eine Abteilung, etwa die Kommunikation, delegiert werden. Die Leitung des Hauses muss involviert sein, da es um das Selbstverständnis des Hauses geht. Künstlerisch und inhaltlich Verantwortliche müssen die Aussagen mit entwickeln und nach innen und außen vertreten. Auch die Abteilungen, die operativ in der Kommunikation verantwortlich sind, sollten von Beginn an am Prozess beteiligt werden.

Diskurs und Thema

Zur ersten Sichtung der (möglichen oder tatsächlichen) Krise ist dieses Schaubild auf der nächsten Seite gedacht, das man für die eigene Krise adaptieren kann. Es dient vor allem dazu, einen Überblick zu bekommen: Wie reagieren bisher die Medien, wie ist die Stimmung auf den digitalen Plattformen? Die Pfeile lassen sich als Gradmesser der Intensität interpretieren (links schwach, rechts stark). Es lassen sich aber auch andere Parameter eintragen – entscheidend ist der Gedanke, einige Merkmale der Krise zu identifizieren und einzuordnen.

Diskurs und Thema

Was ist der **Grundkonflikt?** Wie sieht das Diskursfeld aus?
Welche Thesen und Themen gibt es darin?

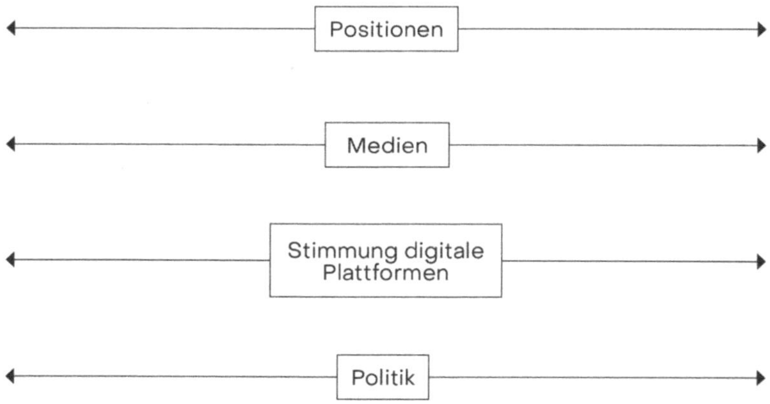

Der nächste Schritt ist, näher in das Diskursfeld einzutauchen. Als Diskursfeld bezeichnen wir die untereinander sinnhaft verknüpften Begriffe, die ein Thema und die unterschiedlichen Standpunkte dazu prägen. Es kann sehr sinnvoll sein, dieses Feld in einer Zeichnung oder Grafik zu visualisieren. So bekommt man eine Vorstellung von den Relationen und schafft einen für alle Beteiligten benutzbaren Bezugspunkt für den inneren Klärungsprozess. Ein Beispiel für eine Diskursfeld-Grafik findet sich in Kapitel 3, »Krisenthemen«. Hier wird der Begriffskomplex »Nahost-Konflikt/deutsche Antisemitismus-Debatte« visualisiert, sortiert nach gesellschaftlicher Akzeptanz von grün (problemlos sagbar) bis rot (problematisch). Idealerweise wird nun das eigene Krisenthema so genau wie möglich definiert und dann im Kontext dieser Diskursumgebung betrachtet.

Akteur*innen und eigene Rolle

Kein Diskurs entwickelt sich im luftleeren Raum. Einzelne Akteur*innen stehen für bestimmte Standpunkte im Spektrum oder für Teilaspekte des Themas. In identitätspolitisch geprägten Debatten geht es dabei oft auch um die Frage, welche Aspekte der persönlichen Identität wie glaubwürdig mit dem Thema verbunden sind. Es ist also gut, sich auch hier zu orientieren und zu schauen, welche Akteur*innen es gibt und wie sie zueinander in Beziehung stehen: von der politischen Theorie über tagesaktuelle Debattenteilnehmer*innen bis hin zu politischen Gruppen und Vereinen. Sich damit ausführlich zu beschäftigen, kann auch zu Erweiterungen des Themas führen; vielleicht lässt sich das Programm der Institution hier und da um interessante Standpunkte ergänzen.

Krisendynamik

Oft haben die konkreten Krisen in Kulturinstitutionen mit (identitäts)politischem Dissens zu tun. Sie äußern sich in Protestaktionen, die dann schnell digital verbreitet werden. Uns ist es wichtig zu betonen, dass wir die meisten Formen des Protests selbstverständlich als legitim betrachten. Dass es zu starken gesellschaftlichen Zuspitzungen gekommen ist, hat immer auch tiefere Gründe. Störungen, Absagen und Boykotte können je nach Perspektive natürlich auch immer berechtigt sein. Sie treiben auf ihre Art die Entwicklung des Themas in der Öffentlichkeit voran.

Uns geht es darum, Kulturinstitutionen besser auf solche Ereignisse vorzubereiten. Wird ein Museum oder ein Theater mehrfach zum Schauplatz von Diskurskollapsen, nützt das oft auch den Kräften, denen Kulturorte ohnehin ein Dorn im Auge sind und die ihnen im Extremfall auch gern die Finanzierung entziehen würden. Gelingt es den Häusern auf Dauer nicht, den Diskurs wieder produktiv nach eigenen Regeln zu führen, kann es im schlimmsten Fall zu einer Existenzkrise kommen.

Am Anfang einer guten Prävention steht zunächst die Frage, mit welchem Typ von Krise man es überhaupt zu tun hat. Wir unterscheiden hier grob drei Krisentypen nach ihrer Struktur und Dynamik. Jeder erfordert eine andere Vorbereitung, andere Ressourcen und andere Pläne.

Krisendynamik

Um **welchen Krisentypus** handelt es sich, wo findet die Krise statt und welche Bedingungen gelten?

Krisenerscheinungsformen

Akute Krise
Ein bestimmter Ort, klar definierte Laufzeit. Vorher absehbar. Viel beachtet in Social Media.

Beispiele
Festivals: Musik, Film, Kunst, Theater. Rundgänge in Hochschulen. Ausstellungen.

Langsame Krise
Das Thema entfaltet sich allmählich über Monate. Immer wieder neue Schübe. Dazwischen Phasen von geringer Intensität.

Beispiele
Politischer Streit, etwa um neue Gesetze oder Entscheidungen. Vorwürfe, wo Aussage gegen Aussage steht.

Versteckte Krise
Elemente der Krise sind schon da, aber noch nicht verbunden oder aktiviert. Die Krise kann jeden Moment ausbrechen.

Beispiele
Interne Verfehlungen, von denen nur wenige wissen. Verstöße gegen Compliance, politisch radikale Äußerungen, die noch nicht öffentlich sind.

[1.] Akutes Krisengeschehen

Ein bestimmter Ort kann zu einem bestimmten, abgegrenzten, vorher absehbaren Zeitraum zum Krisenfokus werden. Meist geht es dabei um öffentliche Ereignisse mit einer klar definierten Laufzeit.

Beispiel: Ein Musikfestival in einer deutschen Großstadt, das fünf Tage dauern wird, gerät in den Fokus von Aktivist*innen. Sie werfen der Leitung vor, sich nicht eindeutig genug zur Solidarität mit einem bestimmten Land und dessen »Freiheitskampf« zu bekennen. Sie mobilisieren die Öffentlichkeit online gegen das Festival und fordern die Künstler*innen und das Publikum zum Boykott auf. Die Struktur der Krise ergibt sich nun aus dem Plan für das Festival: Es gibt eine akute Phase, die Laufzeit selbst, in der die Auftritte stattfinden und in der das Publikum in der Stadt ist. Dafür muss es einen konkreten Plan geben, der sowohl die potenziellen lokalen Geschehnisse als auch die digitale Sphäre einbezieht. Für die fünf Tage muss ein kleines Team gebildet werden, das in beiden Bereichen handlungsfähig ist. Mindestens genauso entscheidend für den Erfolg der Krisenkommunikation ist aber der Vorlauf, also die Wochen vor dem Festival. Hier kann sich das Team einspielen, die Akteur*innen kennenlernen und die Debatte auf Social Media mitbestimmen. Im Idealfall sind die Debatten dort schon gelaufen, wenn das Festival beginnt. Schließlich gibt es eine Nachphase, da es auch Tage oder Wochen nach dem Festival in Social Media noch zu Anwürfen kommen kann. Es empfiehlt sich also, die Aufmerksamkeit noch eine Weile aufrechtzuerhalten.

[2.] Allmähliche Krisenentfaltung

Ein bestimmtes Konfliktthema entfaltet sich allmählich über Monate, getrieben von (politischen) Entscheidungen, die öffentlich werden, und entsprechenden Reaktionen. Anlässe entstehen immer wieder aus diesen Schüben heraus und sind damit zumindest kurzfristig absehbar.

Beispiel: Ein neues Gesetz soll erlassen werden, das die politische Betätigung an Hochschulen de facto eingrenzt. Es soll schneller möglich sein, radikale Studierende per Exmatrikulation aus der Hochschule zu verbannen. Bei den Studierenden der Kunsthochschule einer mittelgroßen Stadt regt sich Protest; sie formieren sich unter dem Hashtag #keineexmatrikulation. Einer Krise dieses Typs begegnet man am besten im Netzwerk. Alle Akteur*innen müssen regelmäßig informiert und gehört werden. Neben den Gremien der Hochschule sollten dafür auch informelle Gelegenheiten genutzt werden. Der Gesetzgebungsprozess muss genau verfolgt werden: Wann ist die nächste Sitzung des Landesparlaments? Wann wird das Gesetz wahrscheinlich beschlossen? Wie steht die Hochschule zu dem Gesetz? Wird sie womöglich selbst dagegen protestieren? Wie wird sie es umsetzen? Schubweise wird sich die Kontroverse parallel zum Gesetzgebungsprozess weiterentwickeln. In allen Stadien sollte man in Kontakt mit den wichtigen Akteur*innen sein, gerade auch mit denen, die dem geplanten Gesetz kritisch gegenüberstehen. Auf Social Media sollte die grundsätzliche Haltung und aktuelle Beschlusslage jederzeit greifbar sein, damit man immer Klarheit herstellen kann. Der Konflikt selbst ist unvermeidlich – er kann aber transparent und zivilisiert ausgetragen werden.

[3.] Latentes, kontingentes, dezentrales Krisengeschehen

Die Elemente einer Krise sind schon angelegt, wurden aber noch nicht oder nur teilweise aktiviert. Bestimmte Triggerpunkte sind eigentlich offensichtlich und harren der Skandalisierung oder Verknüpfung miteinander. Diese Krise könnte ebenso gut auch nicht stattfinden – zumindest nicht öffentlich.

> Beispiel: An einem Opernhaus kam es immer wieder zu Fällen sexueller Belästigung. Die neue Intendantin hört kurz nach dem Amtsantritt davon; vor allem ein Hausregisseur ist dafür bekannt, dass er junge Mitarbeiter*innen in seinen persönlichen Kreis hineinzieht, um sie dann zu bedrängen. Es ist aber nicht der einzige Fall; offenbar herrscht schon seit Jahren ein Klima, das #MeToo-Fälle produziert. Bisher wurde nichts davon öffentlich, das Opernhaus steht nach außen als unbescholten da. Dieser Typus der Krise ist besonders tückisch, weil er zur »Augen zu«-Taktik verführt. Noch wurde nirgendwo öffentlich über die Belästigungsfälle gesprochen – warum also schlafende Hunde wecken? Da es sich aber offenbar um ein systemisches Problem handelt, kann diese Krise jederzeit ausbrechen. Sie liegt quasi schon in der Luft. Der Intendant ist gut beraten, das Thema nicht zu vermeiden und mit einer internen Ermittlung zu beginnen. Wenn er die Ergebnisse selbst öffentlich macht und etwa dem Hausregisseur Konsequenzen beschert, hat das Haus Handlungsfähigkeit bewiesen. Zu hoffen, ein offensichtliches Problem würde nicht bekannt werden, ist keine gute Strategie.

Um eine erwartete oder bereits eingetretene Krise gut einschätzen zu können, kann man nach der Bestimmung des Krisentypus die Krisensituation, wie sie in Kapitel 7 beschrieben wurde, analysieren, und beides einander zuordnen.

Phase 2: Vorbereiten

Die Phase der Vorbereitung ist die wichtigste im ganzen Prozess. Es gibt keine allgemeine Regel für deren perfekte Zeitdauer oder Länge. In kleinen Häusern kann die Vorbereitung auf eine Krise relativ schnell gelingen. Die Wege sind kurz und so kann der grundlegende Plan und alles Wesentliche in wenigen Tagen und Wochen abgestimmt werden. Je mehr Gewerke zusammenkommen müssen, desto komplizierter wird es. Es müssen längere Pläne entwickelt werden und der Schulungsaufwand ist hoch. Der Zeitrahmen kann mehrere Monate bis zu einem Jahr betragen. In großen und dezentralen Institutionen ist die Vorbereitung auf eine Krise ein kontinuierlicher Prozess. Es gibt mehr Aspekte und Betroffene, beständig kommen neue Mitarbeitende dazu und Wissensträger*innen verlassen die Organisation. Es kann mehrere Monate, in manchen Fällen sogar Jahre dauern, bis alle Aspekte erfasst wurden.

Haltungen und Handlungsmaximen

Konfrontiert man Verantwortliche in Kulturinstitutionen mit der Bitte, zu einem bestimmten Diskurs eine eigene Haltung zu entwickeln, erntet man oft zunächst Unverständnis. Die Kunst ist doch frei, sollen jetzt ausgerechnet Direktor*innen und Intendant*innen anfangen, politische Vorgaben zu machen? Beginnt hier schleichend eine neue Ära der Zensur?

Es stimmt: Politische Vorgaben sind nicht erwünscht, sie schränken die Kunstfreiheit ein. Aber ein völlig bedenkenloses Einladen von Künstler*innen ohne Kenntnis von deren Diskursumfeld führt im Ergebnis viel zu oft dazu, dass sie aus dem Programm geworfen werden, sobald es Gegenwind von außen gibt. In früheren, politisch ausgeglicheneren Zeiten konnten es sich Kulturmacher*innen leisten, politische Implikationen von Kunst als zweitrangig zu behandeln. Heute kann das zu großen Problemen führen. Wer der Dynamik von Absagen und Ausladungen entkommen will, muss sich zunächst selbst klarer positionieren.

Mit »eine eigene Haltung entwickeln« meinen wir aber eben nicht, dass ein Haus nun eine klare politische Linie haben und etwa Kommentare zur Politik irgendeiner Regierung abgeben soll. Stattdessen geht es darum, den eigenen Handlungsspielraum zu kennen. Dabei spielen Begriffe und Symbole eine besondere Rolle: Welche halten wir im Rahmen unseres Hauses für zeigbar/sagbar/diskutierbar, welche nicht?

- Erstens hilft eine genaue Kenntnis des Diskursfeldes, auf alle Debatten vorbereitet zu sein. Die Institution sollte das Spektrum der Meinungen kennen, für sich rote Linien markieren und den Bereich dessen, was zulässig ist, möglichst groß halten.

- Zweitens sollten die relevanten Akteur*innen, die mit dem Diskursfeld verbunden sind, bekannt sein. Wer vertritt bestimmte Positionen in der Politik, in der Kultur? Zu wem gibt es Kontakte? Wer kann zur Not auch zwischen den Lagern vermitteln?
- Drittens sollte man genau wissen, warum genau man jemanden einlädt oder ein bestimmtes Programm plant. Diesen Grund sollte man sehr präsent haben, wenn es in der Debatte zu Angriffen kommt. Tritt das Problem eines Nebenthemas auf wie bei der Care-Konferenz im einleitenden Beispiel dieses Buches, sollte überlegt werden, ob dieses Thema irgendwo in einem passenden Format diskutiert werden kann – oder ob es so toxisch ist, dass man eine Ausladung erwägen muss.

Diskursfeld und Haltung

Welche Positionen halten wir für vertretbar? **Gibt es rote Linien?** Nach welchen Leitlinien handeln wir in der Krise? Welche rechtlichen Grundlagen gibt es zu beachten?

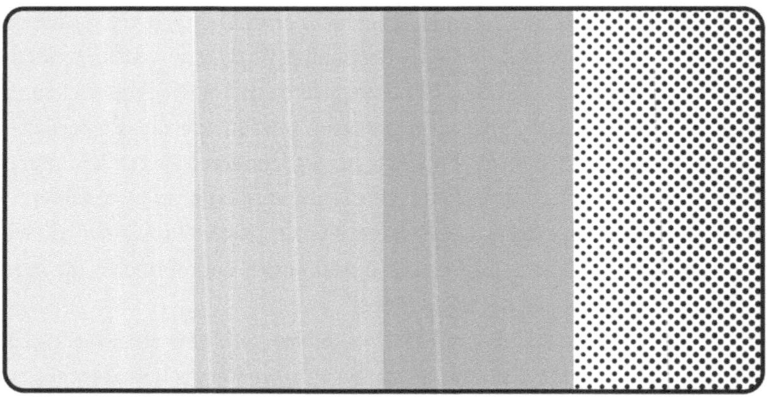

In zugespitzten Diskurslagen geht manchmal der Sinn für das Wesentliche verloren. Speziell in Shitstorm-ähnlichen Situationen ist der Druck des massenhaften Vorwurfs oft so groß, dass man nicht nur den Überblick verliert, sondern auch das Gefühl für das eigene Tun. Deswegen ist es hilfreich, sich bei der Programmplanung klarzumachen, welchen Grund eigentlich bestimmte Entscheidungen haben.

Beispiel: Lade ich jemanden für einen Vortrag in mein Museum oder Theater ein, ist es wichtig, sich drei Dinge zu vergegenwärtigen: (1) Was ist der ursprüngliche Grund für die Einladung, warum habe ich gerade die Person ausgewählt, was erhoffe ich mir von ihr? Dieser Punkt ist wichtig, um nachher in der Debatte die Einladung noch richtig einordnen zu können. (2) Wofür steht die Person generell, welche Signale gehen davon aus, dass ich sie und ihre Positionen für wertvoll halte in dem Sinne, dass sie diskutiert werden sollten? (3)Welche Diskursfelder sind vielleicht noch mit der Person verbunden und können von außen thematisiert werden? Halte ich die dort vertretenen Standpunkte auch für diskutierbar oder muss ich mich von ihnen abgrenzen? Im Ergebnis hat man eine bessere Kenntnis sowohl der eingeladenen Person oder Gruppe als auch der Diskursaspekte, die sie mitbringt.

Geht es bei Gesprächen in Institutionen um diesen Teil der Prävention, wird er oft mit der Begründung abgelehnt, man wolle keine Background-Checks und »Gesinnungsprüfungen«. Die Kurator*innen fühlen sich schlecht dabei, über das unmittelbare Thema hinaus zur Person zu recherchieren. Es gehörte bisher nicht zur Praxis in Kulturinstitutionen.

Es ist deswegen nochmal wichtig zu betonen, dass es hier ausschließlich um die Auswertung öffentlicher Statements geht. Niemand soll und darf ausspioniert werden. Aber wer sich in Social Media bewegt, hinterlässt dort Spuren, die dann zum Gesamtbild der öffentlichen Persona dazugehören. Wenn die Kulturinstitution das möglichst umfassend im Blick hat, kann sie im Ernstfall zu ihrer kuratorischen Entscheidung stehen und ist auf die Debatten vorbereitet. Im Idealfall finden diese dann sogar wieder im Haus statt, mit eigenen Formaten.

Was nützt ein Code of Conduct?

Das Konzept des Code of Conduct – Verhaltenskodex – kennt man in verschiedenen Formen aus vielen Teilbereichen der Gesellschaft. Er hat normalerweise die Form einer knapp gefassten Selbstverpflichtung – oft sind es nur wenige Sätze: Unternehmen bekennen sich zur Einhaltung bestimmter Sozialstandards; der Presserat formuliert einen Pressekodex zur Ethik im Journalismus; Programmierer entwickeln auf der Basis einer Verpflichtung Open-Source-Programme. Wie sinnvoll oder wirksam ein Code of Conduct ist, lässt sich nur im Einzelfall beurteilen. Die Frage ist dann, wie ernst er genommen wird und wie man dessen Einhaltung sicherstellt. In jedem Fall benennt er die menschlichen Risiken in Teilsystemen der Gesellschaft. Mögliches Fehlverhalten von Einzelnen oder Gruppen wird gedanklich vorweggenommen, um es zu verhindern bzw. sanktionieren zu können.

Im Kulturbetrieb ist der Code of Conduct ein relativ neues Phänomen. Dass Museen, Theater und Filmfestivals neuerdings einen Kodex auf ihre Website stellen und teilweise auch in Räumen aushängen, ist vielleicht das deutlichste Zeichen für die Veränderung in der Kultur, wie sie in Kapitel 4 beschrieben wurde. Einen Code of Conduct gibt sich eine Organisation nur dann, wenn sie über die eventuellen Schattenseiten des eigenen Tuns Bescheid weiß und das nach außen zeigen möchte. In der Kunst wäre dies lange Zeit ein völlig abwegiger Gedanke gewesen. Sie stand ihrem Selbstverständnis nach auf der Seite des Guten, und es wäre einem Museum nicht im Traum eingefallen, die Einhaltung simpelster sozialer Regeln anzumahnen – etwa der, niemanden zu diskriminieren. Dass es jetzt Codes of Conduct in der Kultur gibt, ist ein Zeichen dafür, dass der Betrieb sich selbst und seinem Publikum gegenüber misstrauisch geworden ist. Es leitet, wenn man so will, eine Ära der Selbstbeobachtung ein.

Die Frage, ob so ein Kodex am Ende dazu beitragen kann, die Diskurskrise zu lösen, lässt sich noch nicht beantworten – schon gar nicht allgemein. Dazu sind sie noch nicht lang genug erprobt. Aus unserer Sicht kann eine Selbstverpflichtung vor allem dann nützlich sein, wenn sie aus einem inneren Klärungsprozess hervorgeht. Es nützt niemandem, allgemeine Statements abzugeben, die als Pflichtübung wahrgenommen werden. Aber wenn eine Institution möglichst detailliert ihre Aufgabe durchdenkt und darüber zur Formulierung unverhandelbarer Grundsätze findet, kann das durchaus helfen. Außerdem hilft ein Kodex bei der Kommunikation. Es stellt einen Referenzpunkt dar; in Social Media etwa kann man ihn verlinken und erspart sich dadurch Wiederholungen.

Um die Vorteile eines Code of Conduct vorstellen zu können, haben wir ein Beispiel ausgewählt: die Selbstverpflichtung der Berliner Filmfestspiele.[1] Daran lassen sich gut die verschiedenen Elemente eines Code of Conduct und deren Funktion veranschaulichen.

1 Berliner Filmfestspiele, kein Datum.

Verhaltenskodex Antidiskriminierung

Die Berlinale glaubt an die Bedeutung einer global vernetzten Film- und Mediengemeinschaft, die sich für eine vielfältige, inklusive, gleichberechtigte und gerechte Filmindustrie einsetzt, die auf den Werten künstlerischer Exzellenz, lebendigem Filmschaffen, gegenseitigem Respekt, Redefreiheit und Progressivität basiert.
Als öffentliche Institution ist die Berlinale verpflichtet, sich an das Grundgesetz (GG) und das Allgemeine Gleichbehandlungsgesetz (AGG) zu halten. Der Verhaltenskodex Antidiskriminierung definiert auf Basis dieses rechtlichen Rahmens die Regeln des sozialen Miteinanders für alle Bereiche der Internationalen Filmfestspiele:
Die Berlinale toleriert keine Form von Bevorzugung, verletzender Sprache, Diskriminierung, Missbrauch, Ausgrenzung und beleidigendem Verhalten aufgrund von Geschlecht, Ethnie, Religion, Herkunft, Hautfarbe, religiöser Überzeugung, Sexualität, Geschlechtsidentität, sozioökonomischer Klasse, Kaste, Behinderung oder Alter. Die Berlinale akzeptiert keinen Sexismus, Rassismus, Colourism, Homo-, Bi-, Inter- und Transphobie bzw. -feindlichkeit, Antisemitismus, Islamophobie, Faschismus, Altersdiskriminierung, Ableismus und andere und/oder intersektionale Formen von Diskriminierung.
*Die Berlinale duldet des Weiteren keine Gewalttätigkeiten, Misshandlungen oder Belästigungen verbaler, körperlicher, sexueller oder sonstiger Art gegenüber ihren Besucher*innen, Gästen, Partner*innen und Mitarbeiter*innen. Bei Verletzung des Verhaltenskodex behält sich die Berlinale das Recht vor, Personen den Zugang zur Berlinale ohne Vorankündigung zu entziehen und zu verwehren.*

In diesem Text sind drei Intentionen deutlich spürbar: Erstens wird der Code in einen rechtlichen Rahmen gestellt und erhält dadurch eine Rückbindung an die Gesellschaft. Zweitens werden auch die Redefreiheit und der Wert künstlerischen Ausdrucks betont, und zwar gleich zu Beginn. Drittens wird jede denkbare Form von Diskriminierung eigens erwähnt und mögliche Sanktionen konkret benannt. Dadurch erhält er einen praktischen Wert.

Der Kodex der Berlinale ist ein Beispiel für einen durchdachten, relativ detaillierten Text, in dem verschiedene Aspekte des Themas ihren Platz haben und als Güter abwägbar gemacht werden. Insofern kann er durchaus als Orientierungspunkt für andere Institutionen dienen. Wie alle normativen Texte muss er natürlich im Ernstfall ausgelegt werden: Was heißt Belästigung, was ist verletzende Sprache? Wo und durch wen genau diese Auslegung stattfindet, sollte möglichst schon im Vorhinein geklärt werden. Sobald es um Strafbares geht, wird der Fall ohnehin von den zuständigen Behörden übernommen.

Workflow und Zuständigkeit

Wir empfehlen für nahezu alle Krisenfälle die Bildung eines temporären Krisenteams für die akute Phase, das sich aus Vertreter*innen verschiedener Abteilungen des Hauses zusammensetzt. Im Krisenteam sollten vertreten sein:

- die Leitung des Hauses, als letztlich Verantwortliche für alle Entscheidungen,
- inhaltlich Verantwortliche wie Kurator*innen, Dramaturg*innen, Künstler*innen,
- die Verwaltungsleitung, mit Zugriff auf das Gebäudemanagement,
- möglichst viele Mitarbeitende aus der Kommunikation.

Für das Krisenteam sollte ein Chat bei einem möglichst datensicheren Anbieter eingerichtet werden. Das Krisenteam muss dann seine Verbindungen zu anderen Personen aus der Organisation definieren und sichern.

Bei größeren Organisationen sollte die Meldungs- und Handlungskette für alle denkbaren Fälle vorher genau festgelegt werden. Bei der Einrichtung der Kette helfen die folgenden sieben Leitfragen:

- Wer bemerkt ein Problem?
- Wer leitet es an wen weiter und in welcher medialen Form?
- Wer diskutiert das Problem?
- Wer fällt die Entscheidung?
- Wer setzt sie auf der Handlungsebene um?
- Wer kümmert sich um die Kommunikation?
- Wer bearbeitet Rückläufe?

Eine Krisensituation ist für jede Organisation eine große Herausforderung. Die gewohnten Workflows und Hierarchien müssen von einem Moment auf den anderen umgeschaltet und gelebt werden. Dieser Übergang ist eine der Sollbruchstellen für den Erfolg. In der Krise arbeiten alle Beteiligten in crossfunktionalen Teams und übernehmen vielfältige Rollen und Verantwortlichkeiten. Die Entscheidungen fallen dezentralisiert und kollaborativ. Vor-Ort-Teams haben beispielsweise die Autonomie, Entscheidungen schnell zu treffen, basierend auf aktuellen Informationen und Geschehnissen. Es zählen Geschwindigkeit, Flexibilität, ein kontinuierlicher Informationsfluss und eine schnelle Anpassung an die Krisendynamik. Am besten spielt das Team vorab alle Krisenszenarien durch und probt den Übergang vom Modus »normal« zum Modus »Ausnahme«. Je nach Organisationsgröße kann es auch sinnvoll sein, unterschiedliche Entscheider*innenkreise anzulegen oder lokale Gruppen zu bilden. Gibt es beispielsweise mehrere Häuser oder Spielstätten, kann es einzelne Vor-Ort-Teams geben.

Im Krisenhandbuch sollten die Teams beschrieben und ihnen Aufgaben und Funktionen zugewiesen werden. Zentral ist es, dass alle Beteiligten ihre Position und ihre Aufgaben kennen und die Kommunikation nicht zu kompliziert wird. Es hat sich bewährt, für einzelne Rollen wie Einlass, Kasse oder auch den Besucher*innendienst gesonderte Vorlagen herzustellen.

Interne und externe Kommunikation

Die interne Kommunikation erfolgt idealerweise aus einer festen Struktur des Krisenstabs heraus, siehe vorheriger Abschnitt. Das Krisenteam ist der Ausgangspunkt aller Entscheidungen. Von dort aus muss der Informationsfluss zu den anderen Gruppen innerhalb der Organisation organisiert werden:

- Künstlerischer Bereich
- Verwaltung
- Organisation
- Vermittlung

Gerade während einer hektischen Krise wird die Kommunikation ins Team häufig vernachlässigt. Das ist nachhaltig schädlich, denn gerade die Mitarbeiter*innen sind für den langfristigen Erfolg der Krisenbewältigung zentral wichtig. Eine gute interne Kommunikation verteilt präzise alle wichtigen Informationen. Die Mitarbeiter*innen fühlen sich so nicht allein gelassen und wertgeschätzt. Die Kommunikation erfolgt über Mails, Messenger oder auch die Intranetseiten der Organisation. Für besonders stürmische Zeiten können auch Meldeketten eingerichtet werden. Dann informiert der Krisenstab eine kleine Gruppe von Menschen, die die Informationen weitertragen und die Feedbacks wiederum zum Krisenstab bringen.

In einer Diskurskrise kommt der externen Kommunikation eine besondere Bedeutung zu. In Teil 1 haben wir dem Phänomen des Shitstorms und den Mechanismen im digitalen Medienmarkt bereits mehrere Kapitel gewidmet. Hier beschränken wir uns darum auf den Hinweis, an welche Stakeholder in der externen Kommunikation unbedingt gedacht werden sollte.

- Künstler*innen und deren Netzwerke
- Stakeholder*innen
- Politik
- Geldgeber*innen
- Sponsor*innen
- Befreundete Institutionen
- Medienvertreter*innen
- Befreundete einflussreiche Personen des Kulturbetriebs

Innen und Außen

Wer muss informiert, gebrieft und befähigt werden? Welche internen und externen (digitalen) Kommunkationsmaßnahmen planen wir, um im Krisenfall gut gerüstet zu sein? Wen müssen wir informieren, **wer unterstützt uns?**

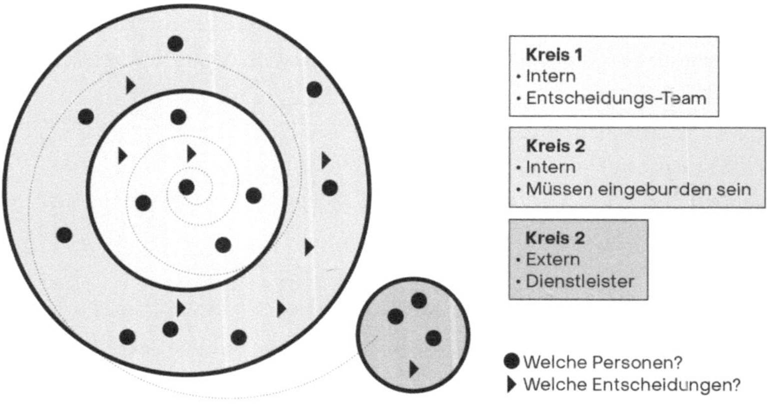

Diese Personen und Gruppen können auf sehr unterschiedliche Art und Weise erreicht werden. Das persönliche und geschützte Gespräch ist sicher mit Geldgeber*innen und Sponsor*innen angeraten; das Gleiche gilt für Vertreter*innen aus der Politik oder Künstler*innen. Im digitalen Zeitalter ist es aber von gleicher Wichtigkeit oder in manchen Fällen noch bedeutender, auch auf den digitalen Plattformen mit allen Bezugsgruppen zu kommunizieren. Sollte eine Krise das eigene Haus betreffen, wäre es gut mitzusprechen, statt nur zuzuhören.

Werkzeuge und Kanäle

Die digitale Plattformlandschaft ist groß und unübersichtlich, und es ist schwer, den Überblick zu behalten, welche Personen, Medien oder Institutionen zu welchem Zeitpunkt auf welchem Kanal und über welches Thema kommunizieren.

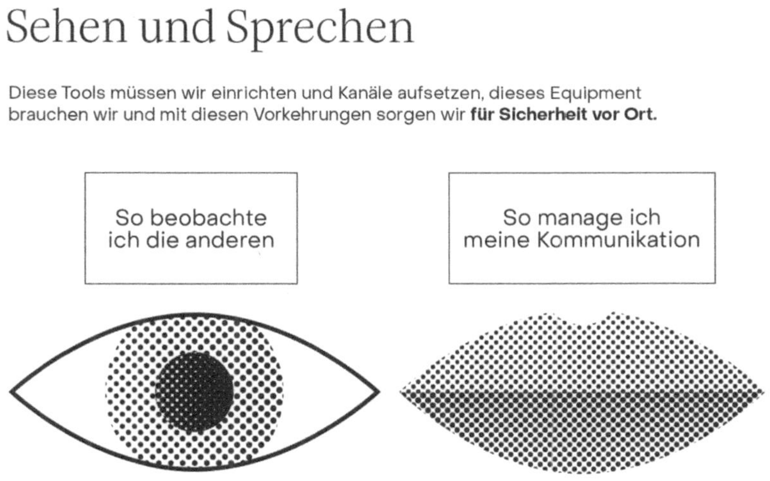

Diskursmanager*innen müssen weite mediale Bereiche beobachten, um so weit wie möglich den Überblick zu behalten. In der Regel überwachen sie die eigenen Social-Media-Kanäle wie Facebook, Instagram, X (ehemals Twitter), LinkedIn, YouTube und TikTok. Ergänzend analysieren sie das Netz mit Social-Listening- und Monitoring-Tools und sammeln weitere Daten über allgemein verfügbare Social-Media-Analyse- und -Management-Tools.

Ein Social-Listening-Tool kann bei dieser Arbeit helfen. Nachdem man die Daten und Keywords eingegeben hat, laufen einige Prozesse automatisiert. So übernimmt die Künstliche Intelligenz einen kleinen Teil der Aufgaben. Ein entsprechendes Tool sollte die folgenden Aufgaben erfüllen können:

- Echtzeit-Monitoring: Verfolgen, wie oft und in welchem Kontext die Institution in Social Media, auf Blogs, in Foren und auf Nachrichtenseiten erwähnt wird.
- Analyse der Stimmung: Bewertung der Tonalität nach positiv, neutral und negativ.
- Themenübersicht: Welche Themen und Hashtags werden in Bezug auf das Diskursfeld besonders häufig erwähnt?
- Früherkennung: Rechtzeitiges Erkennen potenzieller Krisen oder negativer Trends.
- Schnelle Reaktion: Bereitstellung von Textbausteinen aus dem Krisenhandbuch, die sofort einsetzbar sind.
- Influencer-Identifikation: Erkennen der Diskursdynamik über verschiedene Influencer-Scores.
- KPI-Tracking: Bereitstellung von Key Performance Indicators (KPIs) zu Reichweiten, Engagement Rate, Sentiment und Share of Voice.
- Dokumentation: Automatisierte Berichte über alle Indikatoren.

Ergänzend zum Social-Listening-Tool sollte ein gutes Content-Management-System eingeführt werden, in dem alle relevanten Mitarbeiter*innen Zugang zu den Accounts der Institution haben. Dies hat den Vorteil, dass im Fall eines Shitstorms oder beim Aufkommen von vielen Kommentaren das Team schnell und unkompliziert erweitert werden kann. Außerdem besteht die Möglichkeit, Textbausteine zu hinterlegen, ein Vier-Augen-Prinzip zur Abnahme der Posts zu etablieren und in besonders kniffligen Fällen als Team an einer Formulierung zu arbeiten. Im Krisenhandbuch werden alle Tools und Zugänge vermerkt.

Zusätzlich raten wir zum Einsatz eines Messenger-Systems. Es bietet Krisenteams und Diskursmanager*innen zahlreiche Vorteile, wenn es darum geht, sich über ihre Arbeit auszutauschen und zu koordinieren. Teamübergreifend kann in Echtzeit kommuniziert werden. Die Vorteile sind eine schnelle Abstimmung und direkte Rückmeldungen. Ein weiterer Vorteil ist der Zugriff von überall und von allen Geräten. Sollte es beispielsweise eine

Aktion in einem Haus oder auf der Straße vor dem Gebäude geben, haben alle Mitarbeitenden trotzdem Zugriff auf die Kommunikation und können Bilder teilen.

Bewährt haben sich in der praktischen Arbeit plattformübergreifende Messenger-Systeme, die auf verschiedenen Geräten und Betriebssystemen verfügbar sind. Messenger haben zudem den Vorteil, dass man verschiedene Gruppen bilden kann, beispielsweise für das innere und äußere Krisenteam. Es gibt eine Suchfunktion für den Fall, dass Informationen in der Aufregung nicht auffindbar sind. Auch für eine nachfolgende Dokumentation eignen sich die Systeme gut; außerdem können damit unkompliziert Dateien, Links oder Dokumente verschickt werden.

Es gibt sehr viele unterschiedliche Anbieter auf dem Markt. Empfehlenswert sind Angebote, die der IT-Struktur des Hauses entsprechen, gut in die Systeme integrierbar sind und vor allem, die alle Mitarbeitenden bedienen können. Die Wahl des richtigen Tools hängt also von den spezifischen Bedürfnissen und Anforderungen der Organisation ab.

Phase 3: Durchkommen

Menschen reagieren sehr unterschiedlich auf plötzlichen Stress. Sie spüren die Auswirkungen körperlich, durch schnelles Herzklopfen, der Nacken verspannt sich, der Blutdruck steigt. Auch die Gefühle sind schwer zu kontrollieren. Alle Zustände sind möglich, von Angst über Wut bis zur Aufgabe. Vielen wird buchstäblich schwarz vor Augen oder sie fühlen sich schwindelig und benommen. Der Fluchtreflex setzt fast überwältigend ein, und die Gedanken werden von der Frage beherrscht, wie sie aus der Situation herauskommen können. Das blockiert alle Kapazitäten für eine entspannte Bewältigung der Krise. Zur Überbrückung der ersten Schockphase haben wir daher diese fünf einfachen Prinzipien zusammengestellt. Man kann sie als Daumenregeln nutzen, um schnell handlungsfähig zu werden:

- Ruhe bewahren: Es ist wichtig, ruhig zu bleiben und einen klaren Kopf zu bewahren. Panik ist ein Zeichen dafür, dass die Situation als Belastung wahrgenommen wird. Negative Gefühle sind gerade am Beginn einer Krise die Regel. Diese verschwinden, wenn alle im Krisenmodus arbeiten und die vorbereiteten Maßnahmen Wirkung zeigen.

- Überblick behalten: Man sollte sich einen Überblick über die Lage verschaffen. Um welchen Krisentyp handelt es sich? Wie viele und welche Personen sind beteiligt? Findet die Krise lokal oder digital statt?
- Krisenframework aktivieren: In der Vorbereitung wurden für alle Szenarien Vorkehrungen getroffen und alle Informationen im Krisenhandbuch hinterlegt. Nun ist die Zeit, die passenden Maßnahmen zu identifizieren und die Informationsketten zu aktivieren.
- Transparent und schnell kommunizieren: Mit klarer und präziser Kommunikation lassen sich um Missverständnisse vermeiden. Empfohlen wird, so einfach wie möglich zu sprechen. Gite Kommunikatoren geben sich keinen Spekulationen hin, sondern geben präzise den Wissensstand in dem jeweiligen Moment wieder.
- Dokumentieren: Sollte es sich um eine lokale Störung handeln, sollte man selbst so viele Fotos wie möglich von den zentralen Szenen machen. Störungen auf digitalen Plattformen lassen sich mit Screenshots oder dem Abspeichern von Beiträgen dokumentieren. Die Dokumentation hilft in der Rückschau bei der Analyse der Vorfälle und kann auch für die Polizei oder andere Behörden dienlich sein.

Den heftigen Diskurs kann ein Haus oder eine Organisation nicht verhindern – es wäre auch falsch, da es eine der zentralen Aufgaben von Kulturinstitutionen ist, den gesellschaftlichen Austausch zu organisieren. Die Rolle der Institutionen ist es daher nicht, um jeden Preis eine Eskalation zu unterdrücken, sondern diese kommunikativ gut zu moderieren. Sie brauchen in der akuten Krisenphase ein gut organisiertes Diskursmanagement – vor Ort und im digitalen Raum.

Diskursmanagement vor Ort

Die Kommunikation vor Ort hat vier Zielgruppen: die Protestierenden, die Zuschauer*innen oder zufällige Passant*innen, anwesende Pressevertreter*innen und interne Gruppen wie Mitarbeiter*innen oder Studierende. Am Beginn des Events oder der Aktion geht es vorrangig darum, mit den Protestierenden zu sprechen, ihre Anliegen zu verstehen und nachzuvollziehen. Durch diesen ersten Kontakt erhält man einen Eindruck davon, wie weit die Proteste gehen werden, ob es eventuell zu größeren Ausschreitungen kommen könnte oder ob strafrechtlich relevante Aktionen geplant werden.

Auf dieser Grundlage findet die lokale Kommunikation statt. Ziel der Arbeit ist es, für die Anwesenden die Ereignisse in einen sinnvollen Kontext einzubetten. Diese Funktion lässt sich gut an dem fiktiven Fall einer Räumung eines Foyers oder eines Hörsaals erklären. In unserem Beispiel haben dort Demonstrant*innen ein Protestcamp aufgeschlagen, es wurden Plakate mit strafrechtlich relevanten Slogans aufgehängt und die Mitarbeiter*innen werden daran gehindert, das Haus zu betreten. Das Krisenteam hatte im Vorfeld festgelegt, dass eine solche Aktion – nach einer Phase von Gesprächsangeboten und deeskalierenden Maßnahmen – im äußersten Fall von der Polizei beendet werden soll. Grundlage für dieses Vorgehen ist die Hausordnung, der Code of Conduct und das deutsche Recht. Alle Festlegungen des Krisenteams wurden auf der Website der Organisation beschrieben und veröffentlicht.

Die Aufgabe des Diskursmanagements ist es, auf dieser Grundlage das Vorgehen und die Entscheidungen des Krisenteams an alle vier Zielgruppen zu kommunizieren. Die Protestierenden werden sich davon möglicherweise nicht beeindrucken lassen. Wichtiger für das Erreichen unseres Ziels sind die anderen drei Zielgruppen. Pressevertreter*innen, Zuschauer*innen und Mitarbeiter*innen benötigen einen Kontext zu den Ereignissen, um sich eine fundierte Meinung bilden zu können. Sie stellen sich folgende Fragen: Auf welchen Prinzipien beruht das Vorgehen? Wurden die Maßnahmen angemessen gewählt und ausreichend begründet? Gelingt die Kommunikation, haben lokale Eskalationen häufig keine über den Moment hinaus weitreichenden Folgen. Im digitalen Zeitalter ist es nicht zu verhindern, dass Bilder oder Videos auf Social-Media-Plattformen geteilt werden. Presseberichte oder Meldungen zu den Störungen werden jedoch ausgewogener, wenn die Sicht der Institution mit eingearbeitet wurde.

Die Kommunikation von Pressesprecher*innen ist in einer Krise aus verschiedenen Gründen besonders schwierig. Sie stehen unter Zeitdruck, es gibt hohe Erwartungen und gleichzeitig einen Mangel an Informationen. Egal, um welches Diskursfeld es sich handelt, es gibt ein paar goldene Regeln:

- Reizworte vermeiden: Sehr stark aufgeladene Begriffe wie Rassismus, Canceln oder Zensur wirken wie Trigger für bestimmte Debatten und Konflikte. Fallen sie, werden in den Köpfen reflexhaft bestimmte Gedankenketten aktiviert – meist solche, die schon länger zum Meinungsbestand der jeweiligen Person gehören. Um solchen Automatismen vorzubeugen, sollte man selbst möglichst versuchen, in der eigenen Kommunikation Reiz- und Triggerworte zu vermeiden. Wenn sie von außen kommen, sollte man sie nicht aufgreifen. Man sollte diese Begriffe auch nicht öffentlich kritisch untersuchen oder in Frage stellen, denn das macht sie stärker und aktiviert Reflexe. Am besten ist es, drumherum zu fahren wie beim Slalom. Nebenbei gesagt, ist es außerdem eine gute Übung, sehr umstrittene Themen einmal zu behandeln, ohne die üblichen Begriffe für zu verwenden. Es hilft, neue Aspekte zu entdecken und andere Blickwinkel einzunehmen. Dieser Tipp ist ausdrücklich kein Plädoyer dafür, stattdessen Euphemismen zu verwenden: Ziel bleibt es, die Dinge möglichst klar und deutlich zu benennen. Es gibt aber Wörter, die kaum noch zur Beschreibung taugen, weil sie zu reinen Reflex-Impulsen geworden sind.

- Eigene Erzählung exponieren: Wenn die Wellen hochschlagen und man selbst in hoher Frequenz mit Kritik und Vorwürfen konfrontiert wird, verliert man manchmal die innere Orientierung. Der Versuch, sich in mehrere Richtungen zu verteidigen, verursacht ein Panikgefühl. In solchen Situationen kann es hilfreich sein, sich an den Ursprung der eigenen Entscheidung zu erinnern: Warum haben wir diese*n Künstler*in eingeladen? Um welches Thema sollte es eigentlich gehen? Welchen Beitrag haben wir von dieser Person erwartet? Diese »eigene Erzählung« droht im Getümmel unterzugehen. Wenn die Verantwortlichen sie aber für sich selbst im Blick behalten und in der Kommunikation immer wieder exponieren, hilft das, auf Kurs zu bleiben und die eigene Intention wieder ins Gespräch zurückzubringen. Dabei sollte man sich auch vor häufiger Wiederholung nicht scheuen: Gerade die digitalen Medien reagieren positiv auf Redundanzen.
- Das Netzwerk nutzen: Jede Kulturinstitution ist Teil eines Netzwerks und eines gesellschaftlichen Gesprächs. Niemand behandelt ein Thema zum allerersten Mal, es gibt immer schon andere Quellen. Diese Tatsache kann man sich in der Krisenkommunikation zunutze machen. Vor allem in der digitalen Kommunikation lohnt es sich, in Verweisen zu denken: Verlinkungen sind eine gängige Form der Kontextualisierung. Man kann verweisen auf den eigenen Code of Conduct, auf Statuten, auf Statements, Artikel und Interviews zum Thema – aber auch auf Beiträge von anderen. Wird ein Haus etwa mit dem Vorwurf konfrontiert, ein bestimmtes Thema oder einen Aspekt davon in einer Ausstellung nicht ge-

nügend zu beleuchten, kann es auch auf Ausstellungen oder Bücher von anderen verweisen – das ist dann eine kleine Serviceleistung und zeigt, dass auch diese Dinge nicht übersehen wurden. Solche Materialsammlungen lassen sich auch auf der Website vorbereiten und können dann aktiv in den Diskurs eingebracht werden, ohne dass das Haus immer Urheber von allem sein muss.

- Dilemmata transparent machen: Institutionen haben den Hang, sich nach außen als »felsenfest« zu präsentieren. Sie vertreten »unverrückbare Überzeugungen« oder haben eine Entscheidung »souverän und einhellig« getroffen – von solchen Formeln ist die öffentliche Kommunikation dominiert. Eine allzu monolithische Darstellung der eigenen Unverrückbarkeit erzeugt aber bei vielen Beobachter*innen inneren Widerwillen. In der Psychologie spricht man von Reaktanz. Sie fordert zum Widerspruch heraus. Bei sehr umstrittenen Entscheidungen kann es auch sinnvoll sein, das eigene Dilemma einmal öffentlich darzustellen, damit die Entscheidung nachvollziehbarer wirkt. Natürlich sollte man es damit nicht übertreiben; niemand möchte seitenlange Reports über innere Konflikte lesen. Aber eine kurze Schilderung, wie etwa ein*e Intendant*in eine schwierige Situation hineingeraten ist, in der es keine perfekte Lösung gab, kann helfen, die Entscheidung nachvollziehbar zu machen. Unbewusst identifizieren sich die Beobachter*innen mit der Situation, wie bei einem Roman oder einem Film: Man kennt Dilemmata aus seinem eigenen Leben und bringt deswegen eher Verständnis für die jeweilige Entscheidung auf.
- Persönlich werden: In identitätspolitischen Konflikten geht es oft um Leidenserfahrungen, um Diskriminierung, Missachtung oder Demütigung. Der Diskurs über diese Themen tendiert aber zur Anonymisierung: Es werden abstrakte Vorgänge beschrieben, selbst wenn sie anschaulich klingen, etwa in der Formel »Stimmen verstummen lassen«. In manchen Momenten kann es daher helfen, diese Anonymität zu verlassen und »ich« zu sagen, zum Beispiel um Empathie zu zeigen: »Ich verstehe dich«, »es tut mir leid, was dir passiert ist«, oder um sich zu öffnen: »Ich habe darauf gerade auch keine Antwort.« Speziell in öffentlichen Äußerungen kann die Verwendung von »ich« manchmal große Kraft entfalten, indem die abstrakten Diskurse einmal kurz zugunsten von persönlicher Zuwendung zurückgestellt werden. Die eigene Sprecher*innenposition sollte dabei immer mitbedacht werden: Als wer und mit welchen Pri-

vilegien spreche ich zu wem? Welche Hierarchie gibt es zwischen uns? Wird dies beachtet, kann die erste Person Singular in manchen sehr zugespitzten Momenten genau die richtige Form der Ansprache sein.

Weitere Mittel können die Strategie des Hauses unterstützen. In Museen oder auf Festivals können beispielsweise Tafeln mit Erklärungen zur Kunstfreiheit oder auch zur Aufgabe und Haltung des Hauses sehr nützlich sein. QR-Codes leisten gute Dienste, indem sie, vor Ort angebracht, schnell auf aktuelle Websites und Erklärungen leiten können. Insgesamt muss im lokalen Diskursmanagement der digitale Raum mitbeachtet werden. Das Vor-Ort-Team sollte eine möglichst lückenfreie Dokumentation erstellen und mit dem Social-Media-Team teilen. Auf diesem Weg liegen alle Informationen vor, wenn im Nachgang zum lokalen Event der Diskurs auf den digitalen Plattformen beginnt.

Diskursmanagement auf digitalen Plattformen

Gute digitale Diskursmanager*innen kombinieren Kommunikationsfähigkeiten, strategisches Denken und technisches Know-how, um eine aktive und engagierte Community zu schaffen und im Notfall für sich aktivieren zu können. Bei Krisen oder negativen Ereignissen vor Ort oder im digitalen Raum sollten sie schnell und angemessen reagieren, um den Schaden zu minimieren und das Vertrauen wiederherzustellen. Um erfolgreich agieren zu können, benötigen Diskursmanager*innen ein Social-Listening-Tool, mit dessen Hilfe sie monitoren können, was zu ihrer Institution und dem Protest auf den verschiedenen Plattformen diskutiert wird. Sehr hilfreich ist es auch, eine Liste der Influencer*innen zu pflegen. Als Influencer*innen bezeichnen wir Personen oder Accounts, die in Bezug auf das jeweilige Konfliktfeld einen Expert*innenstatus haben. Bestenfalls vernetzen sich die Social-Media-Teams schon vor dem eigentlichen Konfliktfall mit diesen Accounts. Dieses Vorgehen hat mehrere Vorteile:

- Gut vernetzte Diskursmanager*innen werden als glaubwürdig und kompetent wahrgenommen. Dies kann das Vertrauen in ihre Posts und Argumente stärken.
- Durch die Interaktion mit anderen Accounts und deren Communitys wird das Engagement auf dem eigenen Account gefördert. Wenn Mit-

glieder sehen, dass das Haus aktiv vernetzt und engagiert ist, wird dies positiv wahrgenommen.

- In Krisenzeiten kann ein starkes Netzwerk Unterstützung und Rat bieten. Andere Diskursmanager*innen können wertvolle Einblicke und Strategien zur Bewältigung von Krisen teilen.
- In einem Shitstorm kann das Netzwerk bei der Bewältigung mithelfen, indem es die Posts teilt, mitdiskutiert und Informationen einbringt.
- Stark vernetzte Accounts haben eine höhere Reichweite als isolierte Kanäle. So erreichen man ehr Menschen mit seinen Botschaften.

Digitale Diskursmanager*innen sollten sich nicht nur auf den Plattformen, sondern auch in ihrer Organisation gut vernetzen. Für eine gelungene Social-Media-Arbeit benötigt man viele Informationen, Material wie Fotos und Videos sowie abgestimmte Texte, Haltungen und Rechtshinweise. Diese Zusammenarbeit wird bestenfalls in ruhigen Zeiten etabliert. Ein effektives Monitoring der Situation ist notwendig, um das digitale Gespräch zu verstehen und angemessen daran teilzunehmen. Dies erfordert den Einsatz von Analysetools und eine ständige Überwachung der eigenen Social-Media-Kanäle. Grundlegend benötigt man dazu eine geteilte technische Infrastruktur, unter anderem eine Cloud zum Hochladen von Texten, Bildern und Videomaterial. Diese sollte mit den mobilen Geräten vernetzt sein, damit Fotos von einer Aktion direkt hochgeladen und genutzt werden können. Auch sollte es eine skalierbare Anzahl von Zugängen zu den Social-Media-Verwaltungstools geben. Gerade in kleinen Organisationen kommt es vor, dass die Instagram- oder TikTok-Accounts von den Mobiltelefonen der Mitarbeiter*innen geführt werden. Im Krisenfall können diese unglücklicherweise im Urlaub sein oder einfach frei haben.

Eine digitale Krise oder ein Shitstorm stellt für Diskursmanager*innen eine erhebliche Herausforderung dar. Ein Shitstorm kann sich sehr schnell verbreiten und eine große Reichweite erreichen; dies geschieht oft innerhalb von Minuten oder Stunden. Eine aufflammende digitale Debatte erfordert eine schnelle und effektive Reaktion, um die Situation unter Kontrolle zu bringen. Die Intensität der negativen Kommentare und Beiträge kann überwältigend sein. Diskursmanager*innen müssen in der Lage sein, diese Flut von Informationen zu bewältigen und angemessen zu reagieren.

Der erste und schwierigste Schritt ist es, einen aufziehenden Sturm zu erkennen und das »Auge des Orkans« zu identifizieren. Ziel des erfolgreichen

Diskursmanagements ist es, einen Shitstorm so weit es geht abzuschwächen und durch schnelle und gezielte Maßnahmen weitere Eskalationen, Missverständnisse und Falschinformationen zu vermeiden. Ein Shitstorm lässt sich gut mit einer Feuersbrunst vergleichen, die durch Funken, Wind und trockenen Untergrund begünstigt wird. Diskursmanager*innen arbeiten daher wie digitale Feuerwehrleute: Sie versuchen, Schneisen zu schlagen, den Sturm zu isolieren und Brandherde direkt zu löschen. Für diese Arbeit gibt es eine ganze Reihe von Techniken. Im Vorfeld empfiehlt sich daher ein Shitstorm-Training für die Social-Media-Teams, damit dieses Wissen im Krisenfall intuitiv abgerufen werden kann.

Diskursmanagement

Aktuelle Lage einschätzen, punktuelle Ansprache von Kontakten, Anwendung der vorbereiteten Materialien für Social Medial, redaktionelle Medien und Akteur*innen.

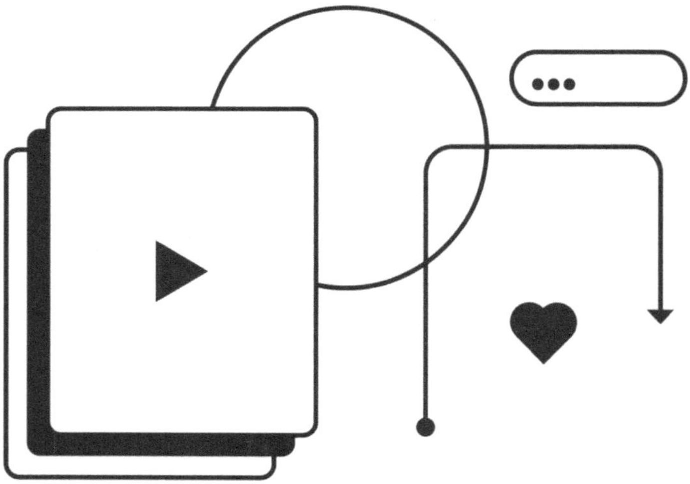

Grundsätzlich gibt es viele Menschen, die sich sehr ernsthaft und seriös am digitalen Austausch beteiligen. Sie haben Fragen oder Anmerkungen zu Inhalten, wollen verstehen, was passiert ist, oder mit ihrer Meinung etwas zum Gespräch beitragen. Diese User*innen treiben einen Shitstorm nicht voran, können aber allein durch die Anzahl ihrer Posts viel Traffic erzeugen. Die effizienteste Art des Managements ist es, die Fragen ernst zu nehmen, sie zu sammeln und an einer zentralen Stelle zu beantworten. Diese Texte können dann einfach per Link geteilt werden, sodass die Kommunikation transparent und effizient organisiert ist.

Dieses Vorgehen bietet einen weiteren Vorteil: Wenn eine Institution angemessen antwortet und reagiert, fühlen sich die Menschen ernst genommen und machen eine positive Erfahrung in diesem Austausch. In zukünftigen Debatten verhalten sie sich offener; es kann sogar sein, dass diese User*innen für sie Partei ergreifen.

Vorsichtiger müssen Diskursmanager*innen mit einer anderen Gruppe der Nutzenden umgehen: solchen, die eher kritisch eingestellt sind oder die Lust auf verbales Gerangel haben. Umgangssprachlich würde man sagen, sie »hauen gern einen raus«, um zu testen, ob noch jemand anderes auch Interesse an einem Schlagabtausch hat. Viele Social-Media-Teams strafen dieses Verhalten mit einer konsequenten Nichtbeachtung. Dieses Vorgehen zahlt sich dann aus, wenn die Accounts klein und wenig vernetzt sind. Sollten solche Angriffe allerdings von größeren und gut verbundenen Kanälen kommen, ist es ratsam, zu reagieren. Diese kleinen Schlagabtausche können sich zu einer größeren Krise entwickeln, wenn einzelne Posts oder Kommentare daraus in eine andere Mediensphäre gelangen. Dies geschieht häufig in Newsartikeln, in denen Social-Media-Accounts eingebettet werden, um einen Nachweis für eine Stimmung oder einen Skandal zu liefern. Da diese »verbalen Raufbolde« häufig sehr eloquent und unterhaltend schreiben, eignen sich ihre Inhalte sehr gut als Futter für Artikel. Auf diesem Umweg wird aus einem schnell geschriebenen Kommentar ein Aufhänger für einen Skandal. Durch einen gezielten Gegenkommentar kann man diesen Effekt deutlich abmildern.

Die beiden beschriebenen User*innengruppen machen die Mehrzahl der Menschen in Social Media aus. Ergänzend gibt es noch einen dritten Typus, von dem die meisten schon gehört haben: den Social-Media-Troll. Ein Troll ist ein Mensch, der absichtlich Gruppen aggressiv aufmischt. Es geht darum, zu provozieren und die Diskussion zu zerstören. Manchmal verfolgen Trolle auch politische Ziele. Oft sind sie anonym, es gibt aber auch User*innen, die mit ihrem Klarnamen wüten. Sie sind auf jeder erdenklichen Plattform zu finden und fast so alt wie das Internet selbst. Sie verhalten sich provokant und ignorant und fallen durch ständige Off-Topic-Kommentare auf. Sie verbreiten absichtlich falsche Informationen, um Verwirrung zu stiften und vom Wesentlichen abzulenken.

Der Umgang mit Trollen erfordert oft Geduld und Nerven. Eine erschwerende Sonderform der Trolle sind die Chatbots. Ein Chatbot ist ein Softwareprogramm, das dazu entwickelt wurde, menschenähnliche Konversationen durch Text- oder Sprachnachrichten zu führen. In der Diskurskrise werden diese Programme genutzt, um die Kommentarspalten mit einer großen Zahl von Inhalten zu fluten. Diskursmanager*innen bleibt in solchen Fällen häufig nur übrig, die Reißleine zu ziehen und die Kommentarspalten zu schließen.

Zusammenfassend lässt sich feststellen, dass das Diskursmanagement vor Ort und auf den sozialen Plattformen verschränkt geplant und durchgeführt werden sollte. Die Geschwindigkeit stellt einen entscheidenden Erfolgsfaktor dar. Ziel ist es, einen kühlen Kopf zu bewahren und dann mit den vorbereiteten Haltungen und Statements den Diskurs mitzugestalten.

Phase 4: Verfeinern

Ist eine Krise vorbei, ist es gut, erst einmal kurz durchzuatmen. Gerade bei akuten Krisen sind Schlafmangel und Erschöpfung oft die Folgen der Anspannung und der starken Beanspruchung über Tage oder Wochen. Der richtige Zeitpunkt für eine Reflexion sollte aber auch nicht zu spät gesetzt werden. Vier Wochen nach dem Ende der Krisensituation können sich die Beteiligten erfahrungsgemäß an viele Details schon nicht mehr genau erinnern. Der ideale Zeitpunkt für die Reflexion und den Ausblick ist dann gekommen, wenn »alle wieder klar denken können«. In einer längeren Besprechung können nun die beteiligten Mitarbeiter*innen alle Aspekte des Geschehens reflektieren; als Hilfsmittel dient eine Tabelle wie die hier abgebildete. Dies ist nur ein Beispiel mit einer Auswahl an Bereichen.

Reflexion

Welche Erkenntnisse haben wir aus der Krise gewonnen? Welche Punkte müssen wir in unseren Planungen aktualisieren? **Welche Konsequenzen** leiten wir daraus ab?

Krisenstab	**vor Ort**	**Digital**	**Stakeholder**	**Diskurs**
Geschwindigkeit	Umsetzung	eigene Kanäle	Mitarbeiter*innen	eigene Haltung
Kommunikation	Workflows	Presse	Kund*innen	offener Diskurs
Entscheidungen	Stakeholder	Social Media	gesellsch. Akteure	Reputation

Alle Bereiche sollten kurz durchgesprochen und nach einem Punktesystem bewertet werden.

Analyse der Krisenursache:

- Hatten wir einen Anteil an der Krisenursache?
- Haben wir das Handlungsfeld richtig eingeschätzt?
- Welche internen und externen Faktoren haben die Krise beeinflusst?

Bewertung der Kommunikationsstrategie:

- Wurden die Kernbotschaften klar und einheitlich kommuniziert?
- Wie haben wir mit den Medien zusammengearbeitet und wie wurde die Berichterstattung gesteuert?

Reaktionsgeschwindigkeit:

- Wie haben alle Teams auf die Krise reagiert?
- Wurden Entscheidungen rechtzeitig und effektiv getroffen?
- Haben alle Beteiligten immer den aktuellen Informationsstand gehabt?

Koordination und Zusammenarbeit:

- Wie effektiv war die Kommunikation und Koordination innerhalb des Krisenteams und der gesamten Institution?
- Wurden externe Bezugsgruppen angemessen einbezogen und informiert?

Ressourceneinsatz:

- Wurde das vorhandene Personal effektiv eingesetzt? Gab es Engpässe oder Überlastungen?
- Waren die eingesetzten Tools und Technologien effektiv?

Öffentliche Wahrnehmung und Feedback:

- Wie hat sich die öffentliche Wahrnehmung der Organisation während und nach der Krise entwickelt?

Dokumentation:

- Sind alle Maßnahmen, Entscheidungen und Kommunikationsaktivitäten ausreichend dokumentiert worden?

Lernpunkte und Zukunftspotenzial:

- Welche Aspekte der Krisenbewältigung haben gut funktioniert und welche nicht?
- Gibt es Bereiche, in denen das Krisenteam oder die Organisation zusätzliche Schulungen oder Trainings benötigt?

Anpassung der Krisenpläne:

- Basierend auf den Erkenntnissen sollten die bestehenden Krisenpläne und -protokolle aktualisiert und verbessert werden.
- Entwicklung von Szenarien und Übungen, um die Organisation besser auf zukünftige Krisen vorzubereiten.

Zum Abschluss und zur Weiterführung schlagen wir drei Leitfragen vor:

- Wie haben alle Mitarbeiter*innen persönlich die Krise und die Zusammenarbeit erlebt und was wünschen sie sich anders?
- Welche Elemente des Arbeitens, die zur Krise eingeführt wurden, möchte man auch im Alltag beibehalten, um die Organisation positiv zu verändern?
- Welche Krise könnte die nächste sein und wie kann sich das Team darauf vorbereiten?

Es lohnt sich, in die Rückschau etwas Zeit zu investieren. Auf diese Weise lernt das ganze Team und ist besser auf die kommende Diskurskrise vorbereitet. Ergänzend dazu kann man eine Sammlung machen, welche der in der Tabelle aufgeführten Aspekte übersehen wurden und beim nächsten Mal unbedingt berücksichtigt gehören und welche Teile sich als überflüssig erwiesen haben und somit gestrichen werden können. Nach und nach können die Methoden der Krisenkommunikation verfeinert werden.

2. Das Krisenhandbuch

Das Krisenhandbuch ist ein Hilfsmittel. Es soll in akuten Situationen den Zugriff auf alle wichtigen Informationen ermöglichen. Deswegen sollten dort auch nur Dinge aufgenommen werden, die wirklich unabdingbar sind. Es hilft also, nach der Erstellung des Handbuchs dieses noch einmal durchzugehen und sich bei jedem Beitrag zu fragen, ob er wirklich nötig und hilfreich ist, wenn die Krisensituation kommt. Es wird als digitales Dokument angelegt, und kann also jederzeit ergänzt werden.

Es entsteht immer im Team. Im Idealfall sind alle relevanten Abteilungen an seiner Erstellung beteiligt. Einige haben mehr Zugriff auf Kontaktdaten, andere kennen die Grundtexte des Hauses oder haben sie mitverfasst, wieder andere können Erfahrungen aus ihrer Social-Media-Arbeit beisteuern. Je stärker das Team an der Arbeit beteiligt ist, desto größer ist nachher die Akzeptanz des Dokuments im Haus.

Idealerweise plant man das Krisenhandbuch so, dass es eine Weile vor dem vermuteten Einsatz benutzbar ist. Beim Krisentypus 1 (akutes, lokales Krisengeschehen) kann man am besten planen. Hier sollte das Buch nicht erst zum Beginn der Laufzeit vorliegen, sondern schon einige Wochen vorher. Bei einem Festival zum Beispiel wären sechs Wochen Vorlauf ideal, mindestens aber zwei Wochen. Bei allmählicher Krisenentfaltung ist es vor allem wichtig, das Dokument immer wieder zu aktualisieren, weil sich die Krise langsam in Schüben entwickelt.

Ist es sinnvoll, ein generelles Krisenhandbuch anzulegen, ohne Bezug zu einer spezifischen Situation? Unsere Antwort wäre: ja, wenn das den Teams Sicherheit gibt und wenn es mit einer im Haus verankerten Struktur verbunden ist, die im Notfall aktualisiert und an spezifische Situationen angepasst werden kann.

Welche technische Form sollte das Handbuch haben?

Hier richtet man sich normalerweise nach den Strukturen und Gepflogenheiten des Hauses. Oft wird in Kulturinstitutionen Google Docs genutzt oder Word-Dokumente in der Cloud. Es kann in bestimmten Fällen auch sinnvoll sein, das Krisenhandbuch in einer (aus)gedruckten Form zusätzlich anzubieten. Gerade wenn viele Menschen beteiligt sind oder wenn der Zugang zum Netz in der Krisensituation nicht stabil gesichert ist, kann das eine Lösung sein, um die Benutzbarkeit zu gewährleisten. Denkbar ist auch ein Handout – wenige Seiten oder sogar nur eine Seite mit den wichtigsten Daten und Texten.

Wer bekommt Zugang?

Das Handbuch ist dem Krisenteam vorbehalten, da es in der Regel vertrauliche Informationen enthält. Eventuell kann man andere Personen von außen hinzuziehen, die dann ebenfalls Zugang erhalten. In großen Organisationen kann es sinnvoll sein, eine zweite, allgemeinere Form des Handbuchs zu publizieren, für einen äußeren Kreis.

Neben seiner praktischen Funktion hat das Handbuch auch einen psychologischen Nutzen: Es vermittelt ein Gefühl der Sicherheit. Daran kann man einen größeren Kreis von Menschen teilhaben lassen als nur das Krisenteam.

Die Elemente des Krisenhandbuchs

Drop Zone

Die Drop Zone ist ein offener Bereich, wo Links zu aktuellen Artikeln und Beiträgen abgelegt werden, die das Thema betreffen. Dadurch haben alle Nutzer*innen des Krisenhandbuchs die Möglichkeit, im Thema auf dem Laufenden zu bleiben. Jedes Diskursfeld ist ständig kleinen Veränderungen und Verschiebungen unterworfen. Begriffe werden durch Nuancen erweitert, sie werden aufgegriffen und weiterentwickelt. Aktuelle Ereignisse verändern die Rahmenbedingungen und die Wahrnehmung des Themas. Neben dieser Diskursarbeit kann die Link-Sammlung auch hilfreich für die spätere akute

Phase in der Social-Media-Arbeit sein: Durch Verlinken und Verweisen kann man die eigene Position in einen Kontext setzen.

Haltungstexte

Grundtexte 1: Aufgabe und Funktion

Die Teildefinition der eigenen Haltung ergibt sich aus der allgemeinen Kategorie für die Institution: Museum, Theater, Hochschule. Es ist aber sinnvoll, noch etwas genauer zu fragen, welche Aufgabe und Funktion das Haus erfüllt: für bestimmte Gruppen, die das Angebot nutzen; lokal, für den Ort; für die Öffentlichkeit und die demokratische Willensbildung; für den Markt und bestimmte Branchen. Hierher gehört auch die Frage der Finanzierung: Wer finanziert das Haus mit welchen Erwartungen? Wer bietet die Basis, woher kommen Zuschüsse, welche Sponsoren gibt es? Das ist schon ein Teil der Stakeholder-Analyse. Da es sich um zahlreiche Faktoren handelt, empfiehlt sich eine knappe Zusammenfassung, entweder tabellarisch oder als kurzer Text. Auch ein Schaubild wäre denkbar.

Grundtexte 2: Selbstverständnis

Der zweite Bereich der Haltungsklärung erfasst das spezifische Selbstverständnis des Hauses. Welches sind die zentralen Werte? Was ist dem Haus besonders wichtig in Bezug auf die Nutzer*innen, die Öffentlichkeit, die Stakeholder? Wie sieht es seine lokale Rolle im städtischen Raum? Auf welche Prinzipien beruft es sich?

Es ist nicht unbedingt nötig, hier eine Tabelle abzuarbeiten. Wichtiger ist es, die Essenz zu erfassen. Oft gibt es solche Texte schon, formuliert in Statuten, Präambeln, Verträgen, Gründungsunterlagen. Die Krisenvorbereitung kann ein guter Moment sein, auf diese Dokumente zurückzukommen und sie aktuell zu reflektieren: Was davon gilt noch, was nicht mehr? Wo gibt es neue Elemente? Falls solche Texte aber nicht vorhanden sind, können auch neue Selbstbeschreibungen entstehen, die einen inneren Klärungsprozess dokumentieren. Oft führen solche Prozesse auch zur Formulierung eines Code of Conduct – auch der gehört hierher.

Grundtexte 3: Haltung zum Krisenthema

Es gibt im Kulturbetrieb derzeit starke Tendenzen, sich regelmäßig explizit politisch zu äußern. Theater oder Museen nehmen Stellung zu bestimmten Kriegen oder Terroranschlägen. Das mag im Einzelfall berechtigt sein, die Frage ist aber, ob dies auf Dauer nicht zu Problemen führt. Weder eine Hochschule noch ein Museum ist eigentlich dazu da, explizit in die politische Debatte einzugreifen. Was stattdessen von ihnen erwartet wird, ist, auf der Basis der jeweiligen Kultursparte Räume für Kunst und Diskurs zur Verfügung zu stellen und diese verantwortungsvoll zu managen. In Bezug auf das jeweils aktuelle Krisenthema sollte ein Haus folglich keine klare Haltung formulieren, sondern lieber ein Spektrum erarbeiten: Welche Positionen halten wir für vertretbar, wo ist eine rote Linie? Wie ist der Modus unserer Debatten, holen wir jeweils auch Gegenstimmen ein? Wie gehen wir mit den Diskursfeldern um, die mit dem Hauptfeld verbunden sind? Diesen Prozess haben wir exemplarisch anhand des Diskursfeldes Nahostkonflikt/deutsche Antisemitismus-Debatte in Kapitel 3 durchgeführt.

Risikobewertung

Eine schriftliche Risikobewertung ist vor allem dann sinnvoll, wenn mehrere Auslöser für eine Krise denkbar sind und man den Überblick behalten möchte. Ein Festival etwa mit über hundert Künstler*innen ist an sich schon schwierig zu managen – erwartet man Anstoßpunkte bei einer oder mehreren Personen, kann es sinnvoll sein, das einmal aufzulisten. Weiß man etwas über frühere politische Äußerungen der Betreffenden, sollten auch die Links und Nachweise gesammelt werden für den Fall, dass sie in der akuten Situation zur Sprache kommen.

Textbausteine für Social Media

Die Textbausteine für Social Media entstehen durch Antizipation. Das bedeutet: Alle möglichen Kritikpunkte und Angriffspunkte, die uns in Social Media begegnen können, müssen gedanklich vorweggenommen und beantwortet werden. Dazu geht man am besten strukturiert vor. Erwartet man zu einem bestimmten Thema sowohl Angriffe von links als auch von rechts, sollte man die Tabelle auch danach sortieren. Weiterhin ist darauf zu achten, dass die Textbausteine zu den Grundtexten passen, dass also insgesamt Konsistenz gewährleistet ist.

Team/Workflow

Im Krisenhandbuch hält man am besten den Workflow des Krisenteams noch einmal fest. Dazu gibt es mehrere Möglichkeiten, je nach Struktur der Krise und des eigenen Hauses. In manchen Fällen ist es sinnvoll, in Kreisen zu denken. Dabei gibt es einen inneren Kreis, das ist das Krisenteam. Hier werden die Entscheidungen diskutiert und getroffen, Letzteres in der Regel von der Leitung. Im äußeren Kreis sind Menschen, die mit eingebunden werden müssen oder die Entscheidungen umsetzen. Es kann aber auch sinnvoll sein, das Ganze als Kette oder Organigramm umzusetzen.

Tools

Eine Linkliste sollte alle relevanten Tools und Wissensressourcen enthalten. Das können unter anderem die Content-Management-Systeme, das Social-Listening-Tool, aber auch die Direktlinks zu Google Trends oder anderen frei verfügbaren Seiten sein. Seit der Einführung von ChatGPT nutzen auch viele Organisationen Large Language Models, um Unterstützung für Formulierungen, schnelle Übersetzungen oder auch systematische Kürzungen von Texten zu erhalten. Nach einigem Training ist das eine gute Ergänzung zur menschlichen Arbeitskraft. Die Diskursmanager*innen sollten vorab ein Training bekommen, um den Umgang mit dem Datenschutz, der Qualität der Ergebnisse und der Erstellung der richtigen Prompts auch in der Krise gut zu bewältigen.

Rechtliche Grundlagen

Hier werden die wichtigsten rechtlichen Grundlagen gesammelt: in Gesetzestexten, Urteilen, juristischen Fachartikeln und Kommentaren. Als Faustregel gilt, dass alle die Texte relevant sind, die das eigene Handeln in der Krise betreffen und mit denen man das eigene Handeln rechtfertigt. Gut ist, wenn die Texte digital verlinkbar sind. Dann kann man sie gegebenenfalls auch in Social Media als Referenz einsetzen.

Kontaktdaten

Die Kontaktdaten werden am besten in einer Tabelle festgehalten. Sie sind sortiert nach Innen- und Außenkontakten. Im Innern sollten alle Mailadressen und Mobilnummern von Kolleg*innen aufgeführt sein, die man im Krisenfall brauchen könnte, am besten sortiert nach Team oder Abteilung. Für die Außenkontakte lautet der Maßstab: Könnte diese Person für uns in der Krise eine Rolle spielen?

Sicherheit, Polizei, Awareness

In dieser Kategorie sind alle Ansprechpartner*innen aufgeführt, die für die lokale Sicherheitsarchitektur wichtig sind:

- Eigene Ordnungskräfte
- Externer Sicherheitsdienst
- Hausmeister*innen
- Awareness-Teams
- Polizei
- Feuerwehr

Hier sollten nur die Personen aufgeführt werden, die im Krisenfall auch wirklich zuständig und erreichbar sind. In einer akuten Situation sollte sich niemand durch lange Listen durcharbeiten müssen. Bei Großveranstaltungen (akuten Krisen) sollte vorher mit allen Beteiligten gesprochen werden, damit sie vorbereitet sind.

Archiv

Das Archiv ist die Ergänzung zur Drop Zone. Hier werden die Links zu Artikeln, die während der Krise gesammelt wurden, abgelegt. Möglichweise werden sie noch einmal für einen Einsatz in einem ähnlichen oder dem gleichen Gebiet gebraucht.

3. Ausblick: Die Diskurskrise überwinden

In diesem Buch haben wir versucht zu zeigen, dass die Diskurskrise keine Folge von inhaltlichen Differenzen ist. Sie ist vielmehr aus großen strukturellen Veränderungen der Öffentlichkeit heraus entstanden, die wir unter dem Begriff der Digitalisierung zusammenfassen. Unter den großen Transformationen der Gegenwart ist sie vielleicht die am meisten unterschätzte.

Das Ende des Friedens

Noch immer wird Digitalisierung von vielen Menschen als Erweiterung des Bestehenden wahrgenommen. Gerade in der Kultur ist diese Sichtweise sehr verbreitet, da die Institutionen so alt und traditionsreich sind. Die Versuchung ist groß, ein Opernhaus oder ein Museum, das seit 150 Jahren existiert, für konservierbar zu halten.

Der Begriff Erweiterung hat etwas Beruhigendes: Eigentlich bleibt alles so, wie es bisher war, es kommen lediglich neue Elemente hinzu. Das erinnert an die Reaktion der Printmedien in der ersten Phase des Internets, um das Jahr 2000 herum: Damals wurde das Netz von vielen Verlagsmanager*innen als neuer Vertriebskanal gesehen; neben der gedruckten Zeitung gab es jetzt auch die digitale Ausgabe. Spätestens mit den großen Social-Media-Plattformen, die sich um 2010 etabliert haben, hat sich aber der Umgang mit Medien und die Selbstverortung des Einzelnen im digitalen Raum grundlegend geändert. Einige dieser Veränderungen wurden in diesem Buch beschrieben: der Clash of Context, die Hyperpersonalisierung, die metrische Evidenz.

Bisher haben Kulturhäuser mit den neuen digitalen Strukturen einigermaßen friedlich koexistiert. Auch sie neigten dazu, darin einen neuen Kanal zu sehen, durch den sie das Publikum ansprechen konnten. Die Diskurskrise zeigt das Ende dieses Friedens an.

Im Zeichen politischer Polarisierung wird deutlich, dass sich die Bilder, Töne, Texte und Objekte, die Kulturinstitutionen gespeichert haben, nicht länger unter deren Kontrolle befinden. Eine Person, die noch nie in ihrem Leben einen Fuß auf europäischen Boden gesetzt hat, kann ein Foto eines Kunstwerks, das gerade in einem Berliner Museum gezeigt wird und das ihr irgendwo im Netz begegnet ist, skandalös finden. Je nach Vernetzungsgrad kann daraus ein Problem erwachsen: Die Person schlägt Alarm, das Haus sieht sich auf einmal mit der komplexen Dynamik digitaler Interaktion konfrontiert. Keine*r der Beteiligten überschaut die Folgen der eigenen Handlungen ganz, aber alle wirken auf irgendeine Weise mit. Mit einem geordneten Diskurs, der nach Regeln verläuft, hat das nichts mehr zu tun.

Das Phänomen geht aber noch tiefer. Durch die oben beschriebenen metrischen Evidenzen entsteht das allgemeine Gefühl von Messbarkeit. Ein harmloses, beliebiges Beispiel aus der letzten Zeit zeigt Mechanismus: Man erfährt aus einem Post in Social Media, dass der Bau des Parthenon auf der Akropolis in Athen 9 Jahre gedauert hat, der Bau des Berliner Flughafens BER aber 14 Jahre. Dieser Post wurde ganz offensichtlich gemacht, um BER einmal mehr mit Spott überziehen zu können: Die alten Griechen konnten schneller bauen als wir? Obwohl wir technisch so viel mehr Möglichkeiten haben? Dabei sind die Zahlen weder geprüft noch ist im Geringsten geklärt, ob es überhaupt eine Vergleichbarkeit gibt. Hinter der scheinbaren Objektivität der Zahlen tut sich ein riesiges Feld des Nichtwissens auf. Das mag ein banales Beispiel sein, verweist aber auf Wahrnehmungsstrukturen, die längst verbreitet sind. Uns fehlen sehr häufig die Kontexte. Stattdessen haben wir Zahlen; sie bestimmen die Diskussion und das Denken. Dabei fehlt uns in Wirklichkeit der Maßstab, sie qualitativ beurteilen zu können.

Museen, Hochschulen, Theater und Bibliotheken liefern genau das: Kontexte. Aber sie tun es nach ihren eigenen Regeln. Wer eine Ausstellung besucht oder den dazu erschienenen Katalog kauft, erhält eingebettete Informationen. Sie zielen ab auf ein gedachtes Gesamtbild namens »Besuch einer Ausstellung«, die dann sowohl auf das Leben des oder der Besuchenden als auch auf die kulturelle Öffentlichkeit wirkt. In der entkontextualisierenden Öffentlichkeit sind diese Inhalte aber entkoppelt von den kuratorischen Systemen. Sie werden zu digitalen Items für Identitätsbestimmungen und manchmal für identitätspolitische Konflikte.

Reichweitenbasierte Strategien als Beitrag zur Resilienz

Zur digitalen Öffentlichkeit haben viele Kulturinstitutionen ein ambivalentes Verhältnis. Auf der einen Seite betreiben Museen, Opern, Theater und auch Medien eigene Websites, posten Beiträge auf den bekannten Social-Media-Kanälen und verdienen über Shops und digitale Abosysteme Geld. Auf der anderen Seite behandeln sie diese Sphäre immer noch nicht als Diskursraum, sondern als notwendige Marketingmaßnahme, die in ihrem Anspruch weit hinter gedruckten Katalogen oder anderen Medien zurücksteht. Dies betrifft vor allem die finanzielle Ausstattung, aber auch den Wert, der der Arbeit selbst zugeschrieben wird.

In der Hierarchie von Kulturinstitutionen stehen die sogenannten Onliner auf einer der unteren Stufen. So gibt es auch keine Kapazitäten, um umfangreichere Strategien zu entwickeln, neues Publikum in die Institutionen zu locken oder, um auf unser Thema zu kommen, während einer Krise am digitalen Diskurs teilzunehmen und die eigene Haltung dort angemessen zu vertreten. In friedlichen Zeiten verschenken die Organisationen die Möglichkeit, Reichweite aufzubauen. Sie nehmen sich selbst die Chance, neues Publikum zu gewinnen und sich nach außen zu öffnen und zu vernetzen. In der Krise führen diese fehlende digitale Struktur und die mangelnde Übung in der Teilnahme am Diskurs dann zu Eskalationen; manchmal verursachen die Institutionen die Krise sogar unwissentlich selbst.

Die beste Vorbereitung auf jegliche Krise ist die Etablierung einer langfristigen digitalen Kommunikationsstrategie samt den dazu passenden Kanälen und der Zusammenstellung eines digitalen Diskursteams. Nur so kann auf Dauer digitale Resilienz aufgebaut werden.

Dabei gibt es drei wichtige digitale Diskurssphären:

1. die eigenen Plattformen wie Websites, Apps oder Newsletter,
2. die Plattformen der Influencer wie NachrichtenWebsites, Blogs oder Newsletter und die damit verbundenen Kanäle auf Social Media,
3. die freien Communitys aus politischen, gesellschaftlichen und privaten Akteur*innen.

Sie zusammen entscheiden darüber, ob eine Krise fordernd, aber bewältigbar ist oder ob sie zu einem hohen Reputationsschaden führt.

Die sichere Basis in der digitalen Öffentlichkeit sind die eigenen Plattformen. Dazu gehören die Webseite, aber auch Apps, Newsletter, Podcasts, Videoangebote oder interaktive Spiele. In der Diskurskrise haben sie den Vorteil, dass Institutionen darauf ihr Hausrecht frei ausüben und die Kommunikation strategisch planen können. Die eigenen Plattformen verleihen den Kulturanbieter*innen eine gut hörbare Stimme. Für den Erfolg ist zentral, dass die Angebote über spezifische Reichweiten verfügen, die früh und langfristig aufgebaut werden sollten, beispielsweise durch SEO (Search Engine Optimization). Das ist der Optimierungsprozess von Websites, um deren Sichtbarkeit in den organischen Suchergebnissen von Suchmaschinen zu verbessern. Ziel von SEO ist es, den Traffic auf der Webseite in Bezug auf zentrale Begriffe zu erhöhen. Für die Diskurskrise ist SEO besonders wichtig, da Menschen in Krisen sehr häufig eine Erstsuche durchführen. Sie landen dann im Idealfall auf den Seiten der Häuser und können sich aus erster Hand informieren.

Auch das Potenzial von gut gepflegten Newslettern ist nicht zu unterschätzen. Menschen, die einen Kulturnewsletter abonnieren, identifizieren sich häufig mit der Institution und sind offen für deren Botschaften. Mails können gut weitergeleitet und verbreitet werden; gerade bei Aufrufen und Gegendarstellungen ist diese Funktion wichtig. Außerdem haben viele Entscheider*innen und gesellschaftliche Akteur*innen Newsletter abonniert, um ihre Verteiler aktuell zu halten.

Podcasts, Videoplattformen oder Spiele sind in Bezug auf die Diskurskrise erst in der zweiten Linie zu betrachten. Sie können in der zweiten Erregungswelle sehr hilfreich sein, um beispielsweise Podien oder komplexe und schwierige Formate veröffentlichen zu können. Dafür benötigen sie eine große Community und organische Reichweite, da sie sonst im digitalen Dialog untergehen.

Die Größe und die Engagement Rate der Communitys bilden das zentrale Rückgrat der Kommunikation auf Fremdplattformen wie Instagram, X oder TikTok. Dabei geht es zentral darum, authentisch zu agieren und in einen wirklichen Dialog zu treten. Häufig werden gerade Instagram oder TikTok als Marketingplattformen genutzt. Im Fall einer Diskurskrise ist diese Community allerdings weniger hilfreich, da sie eher an einer ästhetischen Erfahrung interessiert ist und nicht über Themen oder Kontroversen gebildet wurde.

Hin zum Diskursmanagement

Die Kunsthistorikerin Julia Voss bilanzierte in einem Interview zum Ende der documenta fifteen im September 2022: »Wahrscheinlich muss man ganz realistisch sagen, dass, wer die documenta kuratiert, gleichzeitig bereit sein muss, den damit verbundenen Medienapparat zu übernehmen. Die documenta ist schon seit den 1960er-Jahren eine internationale Ausstellung, die auch im Ausland Pressekonferenzen gibt. Wer die documenta macht, muss auch die Debattenflut, die sich immer an die Ausstellung knüpft, mitgestalten wollen. Und wer sie kuratiert, muss für die Entscheidungen Verantwortung übernehmen.«[1]

Diese hellsichtige Äußerung weist den Weg in die Zukunft. Wie in Kapitel 2 beschrieben, wird der Kunst und damit den Kulturinstitutionen heute nicht mehr die Rolle des Außenseiter-Provokateurs zugestanden. In einer Öffentlichkeit, die durch die oft identitätspolitisch bestimmten Bedürfnisse von Nutzenden angetrieben wird, sind Museen und Theater Knotenpunkte unter vielen – allerdings Knotenpunkte mit besonders hohen Vertrauenswerten und mit besonderen Ressourcen. Nutzende und Besucher*innen erwarten etwas von ihnen, sie wollen bestimmte Sichtweisen repräsentiert sehen und bestimmte Themen behandelt wissen. Kommt es dabei zu Widersprüchen und Konflikten, kann sich das Haus nicht länger darauf beschränken, der Debatte zuzuhören. In den komplexen Interaktionen der Plattformen muss es seine eigene Stimme erheben.

In der Zukunft sollte es in den Kulturinstitutionen Abteilungen für Diskursmanagement geben. Sie sind sprechfähig nach außen und direkt beteiligt nach innen. Sie verbinden die inhaltliche und künstlerische Arbeit mit der vielstimmigen Öffentlichkeit. Sie debattieren, verteidigen, übersetzen; sie liefern Kontexte und stellen Transparenz her. Diskursabteilungen sind nötig – nicht nur, um Shitstorms und Krisen vorzubeugen, sondern auch, um die Erfahrungen und Sichtweisen anderer Menschen und Gruppen im Haus verarbeiten zu können. Im Idealfall fließt etwas vom permanenten Austausch in die künstlerische und kuratorische Arbeit ein. Dann entstehen Kunst-Communitys, deren Lebendigkeit dann auch wieder auf das lokale Erlebnis zurückwirkt. Die Diskurskrise zeigt, wenn man so will, den dunklen Teil digitaler Transformation. Es gibt aber auch den anderen: den hellen.

---

1 Von Busse 2022.

Literaturverzeichnis

Bahners, Patrick. *faz.net.* 23. April 2020. https://www.faz.net/aktuell/feuilleton/der-fall-mbembe-nach-der-absage-der-ruhrtriennale-16738779.html (Zugriff am 15. Juni 2024).

Baur, Joachim. *berliner-musemsverband.de.* Dezember 2023. https://www.berliner-museumsverband.de/wp-content/uploads/2024/03/mj-1-2024-wie-wir-wissen-joachim-bauer.pdf (Zugriff am 15. Juni 2024).

Beck, Ulrich, und Ziegler, Ulf Erdmann. *Eigenes Leben.* München: Beck, 1997.

Berliner Filmfestspiele. *berlinale.de.* Kein Datum. https://www.berlinale.de/de/antidiskrimierung.html (Zugriff am 17. Juni 2024).

Brinkhaus, Ralph, Dobrindt, Alexander, et al. *https://dserver.bundestag.de.* 15. Mai 2019. https://dserver.bundestag.de/btd/19/101/1910191.pdf (Zugriff am 15. Juni 2024).

Bündnis gegen Antisemitismus, Kassel. *bgakasselblog.wordpress.com.* 7. Januar 2022. https://bgakasselblog.wordpress.com/2022/01/07/documenta-fifteen-antizionismus-und-antisemitismus-im-lumbung/ (Zugriff am 11. Juni 2024).

Charim, Isolde. *Ich und die Anderen. Wie die neue Pluralisierung uns alle verändert.* Wien: Paul Zsolny Verlag, 2018.

Dörner, Dietrich. *Die Logik des Misslingens: Strategisches Denken in komplexen Situationen* . Hamburg: Rowohlt, 2012.

Diederich, Reiner, und Menne, Peter. *Der Müll, die Stadt und der Skandal: Fassbinder und der Antisemitismus heute.* Frankfurt a.M.: nomen, 2015.

Erikson, Erik H. *Identität und Lebenszyklus.* Berlin: Suhrkamp Verlag, 1973.

Fuhse, Jan. »Gruppe und Netzwerk – eine begriffsgeschichtliche Rekonstruktion.« *Berliner Journal für Soziologie 16*, 2006: 245-263.

Geier, Moritz. *Sueddeutsche.* 31.03.2024. https://www.sueddeutsche.de/panorama/kanada-manitoba-krankenhaus-baby-verwechslung-vertauscht-70-jaehrige-1.6491401?reduced=true (Zugriff am 7. Mai 2024).

Grundgesetz. *gesetze-im-internet.de.* 23. Mai 1949. https://www.gesetze-im-internet.de/gg/BJNR000010949.html (Zugriff am 12. Juni 2024).

Jarvis, Jeff. *Mehr Transparenz wagen!: Wie Facebook, Twitter & Co die Welt erneuern.* Berlin: Quadriga Verlag, 2012.

Joho, Jess. *mashable.com.* 18. September 2022. https://mashable.com/article/bisexuality-queer-tiktok (Zugriff am 14. Mai 2024).

Lovink, Geert. *Digitaler Nihilismus.* Bielefeld: transcript Verlag, 2019.

Mau, Steffen. *Das metrische Wir.* Berlin: Suhrkamp Verlag, 2017.

McLuhan, Marshall, und Fiore, Quentin. *Das Medium ist die Massage. Ein Inventar medialer Effekte.* Berlin: Tropen, 2011.

Merkel, Angela. *bundesregierung.de.* 18. März 2008. https://www.bundesregierung.de/breg-de/service/newsletter-und-abos/bulletin/rede-von-bundeskanzlerin-dr-angela-merkel-796170 (Zugriff am 11. Juni 2024).

Müller, Jan-Werner. *Was ist Populismus?* Berlin: Suhrkamp, 2016.

Metropolitan Museum. *metmuseum.org.* Kein Datum. https://www.metmuseum.org/art/collection/search/849438 (Zugriff am 15. Juni 2024).

Nochlin, Linda. *Women, Art and Power and Other Essays.* New York: Harper Collins, 1988.

Pfortmüller, Fabian, Luchsinger, Nico, und Mombartz, Sascha. *https://community-canvas.org/.* Mai 2017. (Zugriff am 12. Mai 2024).

Sanborn, Fred. *A Cognitive Psychology of Mass Communication.* New York: Routledge, 2023.

Schirrmeister, Benno. »Joachim Lux spart sich die Frauen.« *Die Tageszeitung taz*, 25. April 2024.

Schmidt-Bergmann, Hansgeorg (Hg.). *Futurismus. Geschichte, Ästhetik, Dokumente.* Reinbek bei Hamburg: Rowohlt, 2009.

Schulenburg, Rosamunde Neugebauer Gräfin von der. *George Grosz: Macht und Ohnmacht satirischer Kunst; die Graphikfolgen »Gott mit uns«, Ecce Homo und Hintergrund.* Berlin: Gebr. Mann Verlag, 1993.

Sternfeld, Nora. *Das radikaldemokratische Museum.* Berlin: de Gruyter, 2018.

Straub, Jürgen. *link.springer.com.* 15. März 2018. https://link.springer.com/chapter/10.1007/978-3-658-20978-0_36 (Zugriff am 27. Juni 2024).

Tagesschau. *tagesschau.de.* 13. Mai 2024. https://www.tagesschau.de/inland/afd-verfassungsschutz-verdachtsfall-gerichtsurteil-100.html (Zugriff am 11. Juni 2024).

von Busse, Mark-Christian. *hna.de*. 21. September 2022. https://www.hna.de/kultur/documenta/julia-voss-zieht-bilanz-der-documenta-fifteen-in-kassel-91801281.html (Zugriff am 27. Juni 2024).

Watzlawick, Paul, Beavin, Janet H. Beavin, und Jackson, Don D. *Menschliche Kommunikation. Formen, Störungen, Paradoxien.* Bern: Hans Huber, 1969/1990.

WDR. *1wdr.de*. 2. September 2023. https://www1.wdr.de/nachrichten/ruhrgebiet/dortmund-zechezollern-kolonial-ausstellung-zutritt-weisse-100.html (Zugriff am 11. Juni 2024).

Weidel, Alice, Chrupalla, Tino, et al. »https://dserver.bundestag.de.« 16. Januar 2023. https://dserver.bundestag.de/btd/20/052/2005226.pdf (Zugriff am 11. Juni 2024).